用于国家职业技能鉴定
国家职业资格培训教程
YONGYU GUOJIA ZHIYE JINENG JIANDING

GUOJIA ZHIYE ZIGE PEIXUN JIAOCHENG

维修电工

（初级）

第 2 版

编审委员会

主　任　刘　康
副主任　张亚男
委　员　仇朝东　顾卫东　孙兴旺　陈　蕾　张　伟

编审人员

主　编　张　霓
编　者　张玉龙　张　霓　马　丹　黄　艋　宋国强
主　审　沈倪勇

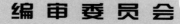
中国劳动社会保障出版社

图书在版编目（CIP）数据

维修电工：初级/中国就业培训技术指导中心组织编写. —2 版. —北京：中国劳动社会保障出版社，2013

国家职业资格培训教程

ISBN 978-7-5167-0163-8

Ⅰ.①维… Ⅱ.①中… Ⅲ.①电工-维修-技术培训-教材 Ⅳ.①TM07

中国版本图书馆 CIP 数据核字(2013)第 045586 号

中国劳动社会保障出版社出版发行

（北京市惠新东街1号 邮政编码:100029）

出 版 人：张梦欣

*

保定市中画美凯印刷有限公司印刷装订 新华书店经销

787 毫米×1092 毫米 16 开本 17 印张 295 千字

2013 年 3 月第 2 版 2024 年 5 月第 23 次印刷

定价：32.00 元

营销中心电话：400-606-6496

出版社网址：http://www.class.com.cn

前　　言

为推动维修电工职业培训和职业技能鉴定工作的开展，在维修电工从业人员中推行国家职业资格证书制度，中国就业培训技术指导中心在完成《国家职业技能标准·维修电工》（2009 年修订）（以下简称《标准》）制定工作的基础上，组织参加《标准》编写和审定的专家及其他有关专家，编写了维修电工国家职业资格培训系列教程（第 2 版）。

维修电工国家职业资格培训系列教程（第 2 版）紧贴《标准》要求，内容上体现"以职业活动为导向、以职业能力为核心"的指导思想，突出职业资格培训特色；结构上针对维修电工职业活动领域，按照职业功能模块分级别编写。

维修电工国家职业资格培训系列教程（第 2 版）共包括《维修电工（基础知识）（第 2 版）》《维修电工（初级）（第 2 版）》《维修电工（中级）（第 2 版）》《维修电工（高级）（第 2 版）》《维修电工（技师 高级技师）（第 2 版）（上册）》《维修电工（技师 高级技师）（第 2 版）（下册）》6 本。《维修电工（基础知识）（第 2 版）》内容涵盖《标准》的"基本要求"，是各级别维修电工均需掌握的基础知识；其他各级别教程的章对应于《标准》的"职业功能"，节对应于《标准》的"工作内容"，节中阐述的内容对应于《标准》的"技能要求"和"相关知识"。

本书是维修电工国家职业资格培训系列教程（第 2 版）中的一本，适用于对初级维修电工的职业资格培训，是国家职业技能鉴定推荐辅导用书，也是初级维修电工职业技能鉴定国家题库命题的直接依据。

本书在编写过程中得到上海市职业技能鉴定中心、上海电气自动化设计研究所有限公司等单位的大力支持与协助，在此一并表示衷心的感谢。

中国就业培训技术指导中心

目 录

CONTENTS　国家职业资格培训教程

第 1 章　电器安装和线路敷设 …………………………………………（ 1 ）

第 1 节　电动工具及电工仪表选用 ……………………………………（ 1 ）

第 2 节　低压电器及电工材料的选用 …………………………………（18）

第 3 节　照明及控制电路的安装与配管 ………………………………（43）

第 4 节　动力、照明及控制电路的导线连接 …………………………（71）

第 5 节　动力、照明及控制电路的综合装机调试 ……………………（95）

第 2 章　继电控制电路调试维修 ……………………………………（107）

第 1 节　低压电器拆装维修 …………………………………………（107）

第 2 节　变压器和电动机的辨识和拆装 ……………………………（118）

第 3 节　照明等低压线路的维修 ……………………………………（135）

第 4 节　动力控制电路维修 …………………………………………（161）

第 3 章　基本电子电路装调维修 ……………………………………（200）

第 1 节　电子元件的识别 ……………………………………………（200）

第 2 节　电子焊接作业 ………………………………………………（232）

第 3 节　直流稳压电源电路的装调维修 ……………………………（239）

第 4 节　电池充电器电路的装调维修 ………………………………（259）

第1章
电器安装和线路敷设

第1节 电动工具及电工仪表选用

 学习目标

➤掌握常用电动工具、电工仪表的选用方法

 知识要求

一、常用电动工具

电动工具是以电动机或电磁铁为动力，通过传动机构驱动工作头的一种机械化工具。

电动工具主要分为金属切削电动工具、研磨电动工具、装配电动工具和铁道用电动工具。常见的电动工具有电钻、电动砂轮机、电动扳手和电动旋具、电锤和冲击电钻、混凝土振动器、电刨。随着电源技术、控制技术及材料的不断进步，电动工具的性能得到提高，使用范围不断扩大。

1. 手电钻及电锤的使用

（1）手电钻

1）定义。手电钻是以交流电源或直流电池为动力的钻孔工具，是手持式电动工具的一种，如图1—1所示。手电钻是电动工具行业销量最大的产品，广泛用于建筑、装修、家具等行业，用于在物件上开孔或洞穿物体。但是，手电钻不可以用来钻水泥和砖墙。否则，极易造成电动机过载，烧毁电动机。关键在于电动机内缺少冲击机构，承力小。

图1—1　手电钻

2）分类。普通手电钻是用于金属材料、木材、塑料等钻孔的工具。当装有正反转开关和电子调速装置后，可用来作电动旋具。有的型号配有充电电池，可在一定时间内，在无外接电源的情况下正常工作。

特殊型号：直角电钻，适合在狭窄工作空间使用（电钻机头与机身成90°，所需工作空间减小）。

3）构成。手电钻的主要构成：钻夹头、输出轴、齿轮、转子、定子、机壳、开关和电缆线。

4）附件

① 麻花钻头。最适用于打铁、铝合金等材料。也可用于打木质材料，但定位不准确，易打歪。

② 开孔器。适用在铁质和木质材料上开孔。

③ 木钻头。专门用于打木质材料。带一个定位杆，可精确定位。

④ 玻璃钻头。适用在玻璃上打孔。

5）手电钻的型号及型号解析。常见型号GBM13、GBM13RE，其含义如下：

GBM：手电钻。

13：在钢材上最大钻孔直径为13 mm。

R：可正反转。

E：可电子调速。

6）选型关键。手电钻可根据最大钻孔直径、功率、正反转、电子调速等参数进行选型。

（2）电锤

1）定义。电锤是附有气动锤击机构的一种带安全离合器的电动式旋转锤钻，如图1—2所示。

2）特点。电锤的优点是效率高，孔径大，钻进深度长；缺点是振动大，对周边构筑物有一定程度的破坏作用。对于混凝土结构内的钢筋，无法顺利通过，由于工作范围要求，不能够过于贴近建筑物。

图1—2　电锤

3）工作原理。电锤的工作原理是传动机构在带动钻头做旋转运动的同时，还有一个方向垂直于转头的往复锤击运动。电锤是由传动机构带动活塞在一个气缸内往复压缩空气，气缸内空气压力周期变化带动气缸中的击锤往复打击砖头的顶部，就像用锤子敲击砖头，故名电锤。电锤这类电动工具是一种低值易耗品，因而有较大的市场发展潜力。

4）安全操作规程。使用电锤时的个人防护：

① 操作者要戴好防护眼镜，以保护眼睛，当面部朝上作业时，要戴上防护面罩。

② 长期作业时要塞好耳塞，以减轻噪声的影响。

③ 长期作业后钻头处在灼热状态，在更换时应注意不要灼伤肌肤。

④ 作业时应使用侧柄，双手操作，以防堵转时反作用力扭伤胳膊。

⑤ 站在梯子上工作或高处作业时应做好防止高处坠落措施，梯子应有地面人员扶持。

5）作业前应注意事项

① 确认现场所接电源与电锤铭牌是否相符，是否接有漏电保护器。

② 钻头与夹持器应适配，并妥善安装。

③ 钻凿墙壁、天花板、地板时，应先确认有无埋设电缆或管道等。

④ 在高处作业时，要充分注意下面物体和行人安全，必要时设警戒标志。

⑤ 确认电锤上开关是否切断，若电源开关接通，则插头插入电源插座时电动工具将立刻转动，从而可能招致人员伤害。

⑥ 若作业场所在远离电源的地点，需延伸线缆时，应使用容量足够、安装合格的延伸线缆。延伸线缆如通过人行过道应高架或做好防止线缆被碾压损坏的措施。

2. 电动旋具的使用

（1）定义

电动旋具是以电动机或电磁铁为动力，通过传动机构驱动工作头的一种机械化工具。它是用手握持操作，以小功率电动机或电磁铁作为动力，通过传动机构来驱动作业工作头的工具。电动旋具主要用于装配线，是大部分生产企业必备的工具之一。电动旋具的性能参数主要有噪声、发热量、旋具头部稳定性、刹车功能和扭力精度等，其中扭力精度是重要指标，保证打入的螺钉松紧合适，螺钉打到头能自动刹车，无多次刹车，噪声小是判断电动机品质的依据。

（2）型号

电动旋具的型号应符合 GB/T 9088 的规定，一般表示为：P□L—□ □—□，其含义见表 1—1。

表 1—1　　　　　　　　　　　　　　电动旋具型号含义

P	□	L	—	□	□	—	□
装配作业点（大类代号）	电源类别代号	旋具（品名代号）		设计单位代号	设计序号		拧紧或拆卸螺钉的最大螺纹直径，以阿拉伯数字表示

电动旋具最早的型号有三种：800 型、801 型和 802 型，这几种型号的电动旋具的性能参数见表 1—2～表 1—4。

表 1—2　　　　　　　　P0L—CG800—2.5 型电动旋具性能参数及外观

工作电压（V）：DC24	
力矩范围（N·m）：0.1～0.6	
空载转速（r/min）：≥750	
适用螺钉范围：M1.2～M2.5	
空载噪声（dB）：≤60	
配套电源：800EP	
净重（kg/pc）：0.37	

表 1—3　　　　　　　　P0L—CG801—4 型电动旋具性能参数及外观

工作电压（V）：DC24	
力矩范围（N·m）：0.6～1.7	
空载转速（r/min）：≥600	
适用螺钉范围：M2.5～M4	
空载噪声（dB）：≤63	
配套电源：801EP	
净重（kg/pc）：0.65	

表 1—4　　　　　　　　P0L－CG802－6 型电动旋具性能参数及外观

工作电压（V）：DC30	
力矩范围（N·m）：1.7～4.0	
空载转速（r/min）：≥600	
适用螺钉范围：M4～M6	
空载噪声（dB）：≤63	
配套电源：802EP	
净重（kg/pc）：0.82	

（3）电动旋具的安全防护措施

1）Ⅰ类工具安全防护。工具中设有接地装置，绝缘结构中全部或多数部位有基本绝缘。如果绝缘损坏，由于可触及金属零件通过接地装置与安装在固定线路中的保护接地或保护接零导线连接在一起，不致成为带电体，可防止操作者触电。

2）Ⅱ类工具安全防护。这类工具的绝缘结构由基本绝缘和附加绝缘构成的双重绝缘或加强绝缘组成。当基本绝缘损坏时，操作者通过附加绝缘与带电体隔开，不致触电。Ⅱ类工具必须采用不可重接电源插头，不允许接地。

3）Ⅲ类工具安全防护。这类工具由安全电压电源供电。安全电压指导体之间或任何一个导体与地之间空载电压有效值不超过 50 V；对三相电源，导体与中线之间的空载电压有效值不超过 29 V。安全电压通常由安全隔离变压器或具有独立绕组的变流器供给。Ⅲ类工具上不允许设置保护接地装置。

3. 电动砂轮机的使用

（1）定义

电动砂轮机是用砂轮或磨盘进行磨削的工具。有直向电动砂轮机和电动角向磨光机。

（2）构造

电动砂轮机主要由基座、砂轮、电动机、托架、防护罩和给水器等组成，砂轮位于基座的顶面，基座内部具有放置动力源的空间，动力源传动一减速器，减速器具有一穿出基座顶面的传动轴供固接砂轮，基座对应砂轮的底部位置具有一凹陷的集水区，集水区向外延伸一流道，给水器位于砂轮一侧上方，给水器内具有一盛装水液的空间，且给水器对应砂轮的一侧具有一出水口。其整体传动机构十分精简完善，使研磨的过程更加方便顺畅并提高了整体砂轮机的研磨效能。

（3）分类

电动砂轮机有直向电动砂轮机和电动角向磨光机，如图1—3所示。

1）直向电动砂轮机。直向电动砂轮机是由单相串励电动机为动力通过齿轮传动驱动砂轮进行磨削作业的双重绝缘手持式工具，具有使用方便、转速高、重量轻等特点，广泛用于冶金、建筑、机械、车辆等行业，用于清理大型工件的飞边、毛刺、打光焊缝、磨光表面及除锈等。直向电动砂轮机由电动机、机壳、齿轮箱、防护罩、后直手柄、长端盖、开关、不可重接插头和砂轮等组成。

图1—3　电动砂轮机

2）电动角向磨光机。电动角向磨光机的转轴与电动机轴成直角，是用圆周面和端面进行磨光作业的工具，利用高速旋转的薄片砂轮以及橡胶砂轮、钢丝轮等对金属构件进行磨削、切削、除锈、磨光加工。电动角向磨光机适合用来切割、研磨及刷磨金属与石材，作业时不可使用水。切割石材时必须使用引导板。针对配备了电子控制装置的机型，如果在此类机器上安装合适的附件，也可以进行研磨及抛光作业。

（4）安全操作规程

1）电动砂轮机的旋转方向要正确，只能使磨屑向下飞离砂轮。

2）电动砂轮机启动后，应在电动砂轮机旋转平稳后再进行磨削。若电动砂轮机跳动明显，应及时停机修整。

3）电动砂轮机托架和砂轮之间应保持3 mm的距离，以防工件扎入造成事故。

4）磨削时应站在电动砂轮机的侧面，且用力不宜过大。

5）根据砂轮使用的说明书，选择与电动砂轮机主轴转数相符合的砂轮。

6）新领的砂轮要有出厂合格证，或检查试验标志。安装前如发现砂轮的质量、硬度、粒度和外观有裂缝等缺陷时，不能使用。

7）安装砂轮时，砂轮的内孔与主轴配合的间隙不宜太紧，应按松动配合的技术要求，一般控制在0.05～0.10 mm。

8）砂轮两面要装有法兰盘，其直径不得小于砂轮直径的三分之一，砂轮与法兰盘之间应垫好衬垫。

9）拧紧螺帽时，要用专用的扳手，不能拧得太紧，严禁用硬的东西锤敲，防止砂轮受击碎裂。

10）砂轮装好后，要装防护罩、挡板和托架。挡板和托架与砂轮之间的间隙，应保持在 1～3 mm，并要略低于砂轮的中心。

11）新装砂轮启动时，不要过急，先点动检查，经过 5～10 min 试转后，才能使用。

12）初磨时不能用力过猛，以免砂轮受力不均而发生事故。

13）禁止磨削紫铜、铅、木头等东西，以防砂轮嵌塞。

14）磨刀时，人应站在电动砂轮机的侧面，不准两人同时在一块砂轮上磨刀。

15）磨刀时间较长的刀具，应及时进行冷却，防止烫手。

16）经常修整砂轮表面的平衡度，保持良好的状态。

17）磨刀人员应戴好防护眼镜。

18）吸尘机必须完好有效，如发现故障，应及时修复，并应停止磨刀。

4．电动型材切割机的使用

（1）定义

电动型材切割机（electric cut-off machine）是用薄片砂轮来切割各种金属型材的电动工具，如图 1—4 所示。

图 1—4　电动型材切割机

（2）结构特点

电动型材切割机由串励电动机、传动机构、护罩机架、底座及可转夹钳等组成。

单相交流电动机根据定、转子与对地有无附加绝缘分为单绝缘型材切割机和双重绝缘型材切割机。夹持工件的夹钳钳口与砂轮轴间的夹角可在左、右 0°～45°任意调节，有的产品右位置可在 0°～30°间任意调节。

电动型材切割机采用的平行砂轮为纤维增强树脂薄片砂轮，其直径不大于

406 mm，额定线速度不大于 80 m/s。电动型材切割机的结构如图1—5所示。

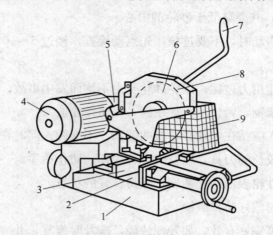

图1—5　电动型材切割机的结构

1—底座　2—工作台　3—工件固定装置　4—电动机　5—横臂

6—砂轮　7—操作手柄　8—固定护罩　9—活动护罩

5. 电动工具的安全使用

使用电动工具应符合电动工具安全操作规程。电动工具安全操作规程如下：

（1）移动式电动机械和手持电动工具的单相电源线必须使用三芯软橡胶电缆，三相电源线必须使用四芯橡胶电缆。接线时，缆线护套应穿进设备的接线盒内并予以固定。

（2）电动工具使用前应检查项目

1）外壳、手柄无裂缝、无破损。

2）保护接地线或接零线连接正确、牢固。

3）电缆或软线完好。

4）插头完好。

5）开关动作正常、灵活、无缺损。

6）电气保护装置完好。

7）机械防护装置完好。

8）转动部分灵活。

（3）电动工具的绝缘电阻应定期用 500 V 兆欧表进行测量，如带电部件与外壳之间绝缘电阻值达不到 2 MΩ，必须进行维修处理。

（4）电动工具的电气部分经维修后，必须进行绝缘电阻测量及绝缘耐压试验，试验电压为 380 V，试验时间为 1 min。

（5）连接电动机械及工具的电气回路应单独设开关或插座，并装设漏电电流动作保护器，金属外壳应接地；严禁一闸接多台设备。

（6）电流型漏电保护器的额定漏电动作电流不得大于 30 mA，动作时间不得大于 0.1 s；电压型漏电保护器的额定漏电动作电压不得大于 36 V。

（7）电动机械及工具的操作开关应置于操作人员伸手可及的位置。当休息、下班或工作中突然停电时，应切断电源侧开关。

（8）使用可携式或移动式电动工具时，必须戴绝缘手套或站在绝缘垫上；移动工具时，不得提着电线或工具的转动部分。

（9）在潮湿或含有酸类的场地上以及在金属容器内使用Ⅲ类绝缘的电动工具时，必须采取可靠的绝缘措施并设专人监护。电动工具的开关应设在监护人伸手可及的地方。

（10）磁力吸盘电钻的磁盘平面应平整、干净、无锈，进行侧钻或仰钻时，应采取防止失电后钻体坠落的措施。

（11）使用电动扳手时，应将反力矩支点设置靠牢并扣好螺帽后方可开动。

二、常用电工仪表

电工仪表是实现电磁测量过程中所需技术工具的总称。

电工仪表按测量对象的不同分为电流表（安培表）、电压表（伏特表）、功率表（瓦特表）、电能表（电度表、千瓦时表）、欧姆表等；按仪表工作原理的不同分为磁电系、电磁系、电动系、感应系等；按被测电量种类的不同分为交流表、直流表、交直流两用表等；按使用性质和装置方法的不同分为固定式（开关板式）、携带式和智能式；按误差等级的不同分为 0.1 级、0.2 级、0.5 级、1.0 级、1.5 级、2.5 级和 5.0 级共七个等级，数字越小，仪表的误差越小，准确度等级越高。

1. 兆欧表

（1）定义

电气设备的绝缘性能是否良好，不仅关系到设备能否正常运行，而且关系到操作人员的生命安全。电气设备由于工作时的发热、受潮及老化等原因，绝缘性能往往会达不到要求，需要检修，检修前后都需要用兆欧表测量绝缘电阻。兆欧表俗称"摇表"，是一种专门测量绝缘电阻的直读式仪表。它的标度单位是兆欧，用 MΩ

表示，1 MΩ＝1×10⁶ Ω。兆欧表的外形如图 1—6 所示。

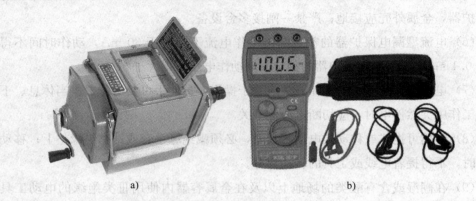

图1—6　兆欧表的外形

a）指针式兆欧表　b）数字式兆欧表

（2）指针式兆欧表

1）工作原理。通常兆欧表由两部分组成，一部分是由磁电系比率表组成的测量机构，另一部分是由手摇直流发电机组成的电源供给系统。

兆欧表的原理电路如图 1—7a 所示，图中 G 表示手摇发电机，1，2 为磁电系比率表中的两个可动线圈。R_A 和 R_V 是串接在两个线圈中的限流电阻。兆欧表有三个接线端钮："线路"端钮 L、"接地"端钮 E 和"屏蔽"端钮 G，被测绝缘电阻 R_X 接在 L、E 之间。

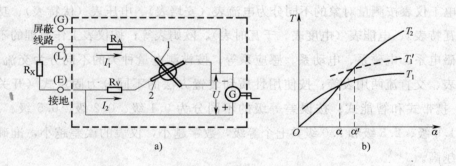

图1—7　兆欧表的工作原理

a）原理电路图　b）力矩与转角的关系

如图 1—7a 所示，兆欧表发电机发出的电压上并联有两条支路。一条称为电流支路，它是由线圈 1（线圈的电阻为 r_1）、电阻 R_A 与被测电阻 R_X 串联组成的，支路电流为 I_1，即：

$$I_1 = U/(R_A + R_X + r_1)$$

另一条称为电压支路，它是由线圈2（线圈的电阻为 r_2）与电阻 R_V 串联组成的，支路电流为 I_2，即：

$$I_2 = U/(R_V + r_2)$$

当发电机的电压 U 和限流电阻 R_A、R_V 的值保持某一恒定值时，电流支路中电流 I_1 的大小由被测电阻 R_X 决定，产生转动力矩 T_1；电压支路中的电流 I_2 也是定值，它将产生反作用力矩 T_2。

由于气隙中磁场分布是不均匀的，所以转动力矩 T_1 与反作用力矩 T_2 都与两线圈在磁场中的位置有关，也就是说与指针的偏转角度 α 有关。在指针的零位处，两线圈都偏离磁场中心较远，力矩较小，随着偏转角的增大，线圈逐渐靠近磁场中心，力矩也随之增大，由于线圈2比线圈1更靠近磁场的中心，所以力矩 T_2 比 T_1 增大得更快，T_1、T_2 与偏转角 α 的关系如图1—7b所示。由图可见，在偏转角较小时，转动力矩 T_1 大于反作用力矩 T_2，使得指针偏转，随着偏转角的增大，两力矩也随之增大并逐渐接近相等，在偏转角 α 处两条曲线相交，此时 $T_1 = T_2$，指针平衡，指出被测电阻值。如果被测电阻 R_X 减小，电流 I_1 增大，则曲线 T_1 将被抬高到 T_1' 的位置，使偏转角 α 要增大到 α' 才能使两条曲线相交，力矩平衡，指针偏转角度 α 增大说明被测电阻 R_X 减小。兆欧表的偏转角 α 只随被测电阻 R_X 的电阻值而改变。

兆欧表的刻度也与万用表的电阻刻度一样，如图1—8所示。在被测电阻 $R_X = 0$ 时，电流 I_1 为最大，转动力矩 T_1 也是最大（曲线 T_1 抬得最高），兆欧表指针的偏转角将顺时针偏转到标度尺的最右端才能与反作用力矩 T_2 平衡，指示出 $R_X = 0$；当未接被测电阻 R_X 时，相当于 $R_X = \infty$，这时电流 $I_1 = 0$，$T_1 = 0$，可

图1—8　兆欧表的刻度

动部分在 I_2 产生的反作用力矩 T_2 作用下逆时针偏转，使指针停在标度尺的最左端，指示出 $R_X = \infty$。

2）使用方法

① 兆欧表的选择。兆欧表的主要性能参数有额定电压、测量范围等，额定电压有100 V、250 V、500 V、1000 V、2500 V 等规格，测量范围有 $0\sim200$ MΩ，$0\sim500$ MΩ，$0\sim1000$ MΩ，$0\sim2000$ MΩ，$2\sim2000$ MΩ 等规格。常用兆欧表的主要性能参数见表1—5。

表 1—5　　　　　　　　　　常用兆欧表的主要性能参数

型号	额定电压（V）	测量范围（MΩ）	准确度等级	备注
ZC—7	100	0～200	1.0	手摇发电机
	250	0～500	1.0	
	500	0～500	1.0	
	1000	2～2000	1.0	
	2500	5～5000	1.0	
ZC11—1	100	0～500	1.0	手摇发电机
ZC11—2	250	0～1000	1.0	
ZC11—3	500	0～2000	1.0	
ZC11—4	1000	0～5000	1.0	
ZC11—5	2500	0～10 000	1.0	
ZC11—6	100	0～20	1.0	
ZC11—7	250	0～50	1.0	
ZC11—8	500	0～100	1.0	
ZC11—9	1000	0～200	1.0	
ZC11—10	250	0～2500	1.0	
ZC25—1	100	0～100	1.0	手摇发电机
ZC25—2	250	0～250	1.0	
ZC25—3	500	0～500	1.0	
ZC25—4	1000	0～1000	1.0	
ZC—17	250/500	50/100	1.5	晶体管变换器
	500/1000	1000/2000	1.5	
ZC—30	5000	0～100 000	1.5	晶体管变换器

　　选择兆欧表时，主要考虑的因素是额定电压及测量范围。兆欧表的额定电压应根据被测电气设备或线路的额定电压来选择。例如，测量额定电压在 500 V 以上的电气设备绝缘电阻时，一般应选择额定电压为 2500 V 的兆欧表；而测量额定电压在 500 V 以下的电气设备绝缘电阻时，可选择额定电压为 500 V 或 1000 V 的兆欧表。如果选用额定电压太低的兆欧表去测量高压设备的绝缘电阻，则测量结果不能正确反映被测设备在工作电压下的绝缘电阻值；如果选用额定电压太高的兆欧表去测量低压电气设备的绝缘电阻，则有可能损坏被测电气设备的绝缘。

　　表 1—6 中列举了兆欧表额定电压的选择，可供参考。此外，兆欧表的测量范围也应与被测电气设备或线路的绝缘电阻的范围相适应。兆欧表的测量范围不要超过被测绝缘电阻值太多，以免使测量误差过大。例如，测量低压电气设备绝缘电阻时，可选用 0～500 MΩ 的兆欧表；测量高压电气设备或电缆的绝缘电阻时，可选用 0～2000 MΩ 的兆欧表。另外有一些兆欧表的标尺刻度不是从 0 MΩ 开始，而是

从 1 MΩ 或 2 MΩ 开始的，这种兆欧表一般不宜用来测量低压电气设备的绝缘电阻，因为低压电气设备的绝缘电阻可能小于 1 MΩ。

表1—6　　　　　　　　　　兆欧表额定电压的选择

被测对象	被测设备的额定电压（V）	兆欧表的额定电压（V）
线圈绝缘电阻	500 以下	500
	500 以上	1000
电力变压器线圈绝缘电阻、电动机线圈绝缘电阻	500 以上	1000～2500
发电机线圈绝缘电阻	500 以下	1000
电气设备绝缘电阻	500 以下	500～1000
	500 以上	2500
瓷绝缘子绝缘电阻		2500～5000

② 使用兆欧表测量前的检查。兆欧表使用时，应将表放置平稳，测量前应对兆欧表进行一次开路和短路试验，检查兆欧表是否良好。检查方法是：先使兆欧表的 L、E 端钮开路，摇动发电机，使其转速达到规定范围，这时指针应指在 "∞"上；再将兆欧表的 L、E 端钮短路，摇动发电机，指针应指在 "0" 上。否则，兆欧表有误差应进行检修调整。

③ 兆欧表的接线。兆欧表有三个测量端钮，分别标有 L（线路）、E（接地）和 G（屏蔽）。一般测量时，只用 L 端和 E 端。例如，测量线路对地的绝缘电阻或者三相电动机绕组对外壳的绝缘电阻时，将被测电气设备的相线端（如三相电动机绕组端）接 L 线路端钮，将被测设备的外壳或接地端（如三相电动机的外壳）接 E 接地端钮，如图 1—9a 所示；测量三相电动机绕组相间的绝缘电阻接线如图 1—9b 所示。

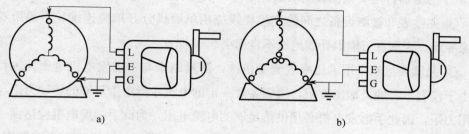

a)　　　　　　　　　　　　　　　　　　b)

图1—9　测量绝缘电阻的接法

a）电动机绕组对外壳的绝缘电阻　b）电动机绕组相间的绝缘电阻

国家职业资格培训教程

　　G 是屏蔽端钮，应接屏蔽线，其作用是减少被测设备表面漏电流对测量值的影响，一般仅在测量电缆对地绝缘电阻或被测设备表面漏电流很严重时才使用，其接法如图 1—10 所示。

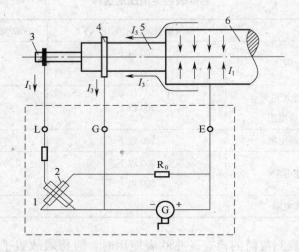

图 1—10　屏蔽端钮 G 的接法

1、2—线圈　3—芯线　4—保护环　5—绝缘层　6—电缆外皮

　　当电缆表面存在漏电流 I_3 时，可以通过保护环把电缆的表面接到屏蔽端钮 G，这样就可以把漏电流 I_3 通过屏蔽端钮引回到发电机，不会流到线路端钮 L 上去增大测量电流 I_1，也就不会造成测量误差。

　　3）注意事项

　　① 绝缘电阻的测量必须在被测电气设备和线路停电状态下进行。对于电容量较大的设备，必须进行 2～3 min 的充分放电后再进行测量，以保障人身和设备的安全。

　　② 测量前，应将被测设备表面擦干净，以免引起误差。

　　③ 兆欧表和被测设备之间的连接导线应用单股线分开单独连接，不要用双股绝缘导线，否则有可能因导线绝缘不良而引起误差。

　　④ 兆欧表虽然采用了比率表测量机构，测量结果与手摇发电机电压无关，但是由于仪表本身的灵敏度有限，线圈需要一定的电流才能产生足够的转动力矩与反作用力矩，因此手摇发电机必须供给足够的电源电压，为此手摇发电机应达到一定的转速以保证仪表的正常工作。测量时应使手摇发电机的转速稳定在规定范围内，一般要求为每分钟 120 转左右。由于绝缘电阻阻值随着测量时间的长短而有所不用，因此规定以摇测 1 min 后的读数为准。如果在摇测过程中，发现指针指"0"，

则不能再继续摇动手摇发电机，以防表内线圈过热而损坏。

⑤ 测量完毕后，在兆欧表没有停止转动和被测电气设备没有完全放电之前，不要急于拆除导线。在对电容量较大的设备进行测量后，也应注意先将被测电气设备对地短路放电，然后才能拆除导线，以防发生触电事故。

（3）数字式兆欧表

数字式兆欧表一般采用三位半 LCD 显示器显示，测试电压由直流电压变换器将 9 V 直流电压变成 250 V、500 V 或 1000 V 等直流电压，并采用数字电桥进行高阻测量。相比指针式兆欧表，数字式兆欧表具有量程宽、读数直观、携带使用方便、整机性能稳定等优点，适用于各种电气绝缘电阻的测量。

1）工作原理。数字式兆欧表使用时先将电源开关打开，此时显示器高位显示"1"。然后根据测量需要选择相应的量程，根据测量需要选择相应的测试电压。

2）使用方法。测量时将被测对象接入数字式兆欧表相应的插孔，将输入线 L 接至被测对象线路端，L 引线应尽量悬空，E 端接至被测对象地端，测试电缆时，插孔 G 接保护环。接线完毕后按下测试按键，此时高压指示 LED 点亮，测试进行，当显示值稳定后即可读数，读数完毕后松开测试按键。如果显示器最高位仅显示"1"，表示超量程，需要换至高量程挡。如在最高量程挡中仍显示"1"，则说明绝缘电阻值已超过最高量程。

3）注意事项。数字式兆欧表使用时的注意事项与指针式兆欧表基本相同，在测试前也应检查被测对象是否已完全切断电源，并应短路放电。测试时，不允许手持测试端，以保证读数准确和人身安全。

测试时如显示读数不稳，有可能是环境干扰或绝缘材料不稳定的影响，此时将 G 端接到被测对象屏蔽端，可使读数稳定。

电池不足时及时更换电池，如果长期不使用应取出电池，以免电池漏液损坏仪表。

为保证测试安全和减少干扰，测试线采用硅橡胶材料，勿随意更换。保存时勿置于高温、潮湿处存放，以延长使用寿命。

2. 钳形电流表

（1）定义

钳形电流表（clip-on ammeter），简称钳形表，是将可以开合的磁路套在载有被测电流的导体上测量电流值的仪表，如图 1—11 所示。

（2）工作原理

图 1—11　钳形电流表

通常用普通电流表测量电流时，需要将电路切断停机后才能将电流表接入进行测量，这是很麻烦的，有时正常运行的电动机不允许这样做。此时，使用钳形电流表就方便多了，它可以在不切断电路的情况下来测量电流。其工作原理如下：钳形电流表由电流互感器和电流表组合而成。电流互感器的铁心在捏紧扳手时可以张开；被测电流所通过的导线不必切断就可穿过铁心张开的缺口，当放开扳手后铁心闭合。穿过铁心的被测电路导线就成为电流互感器的一次线圈，其中通过电流便在二次线圈中感应出电流。从而使与二次线圈相连接的电流表便有指示——测出被测线路的电流。钳形电流表可以通过转换开关的挡位，改换不同的量程。但转换挡位时不允许带电进行操作。钳形电流表一般准确度不高，通常为2.5～5级。为了使用方便，表内还有不同量程的转换开关供测不同等级电流以及测量电压。

（3）使用方法

用钳形电流表检测电流时，一定要夹住一根被测导线（电线）。夹住两根（平行线）则不能检测电流。另外，使用钳形电流表中心（铁心）检测时，检测误差小。在检查家电产品的耗电量时，使用线路分离器比较方便，有的线路分离器可将检测电流放大10倍，因此1A以下的电流可放大后再检测。用直流钳形电流表检测直流电流时，如果电流的流向相反，则显示出负数。可使用该功能检测汽车的蓄电池是充电状态还是放电状态。

（4）真有效值（RMS）的检测

平均值方式的钳形电流表通过交流检测，检测正弦波的平均值，并将放大1.11倍（正弦波交流）之后的值作为有效值显示出来。波形率不同的正弦波以外的波形和歪波也同样放大1.11倍后显示出来，所以会产生指示误差。因此检测正弦波以外的波形和歪波时，请选用可直接测试出真有效值的钳形电流表。

（5）漏电检测

漏电检测与通常的电流检测不同，两根（单相两线式）或三根（单相三线式，三相三线式）要全部夹住。也可夹住接地线进行检测，在低压电路上检测漏电电流的绝缘管理方法，已成为首要的判断手段，自其被（1997年电气设备技术标准的修正）确认以来，在不能停电的楼宇和工厂，便逐渐采用漏电钳形电流表来进行漏电检测。

3. 毫伏表

（1）定义

毫伏表（mill voltmeter）是测量毫伏级电压值的仪表，如图1—12所示。它主要用于测量毫伏级及毫伏级以下的毫伏、微伏交流电压。如电视机和收音机天线输入的电压，中放级的电压等。

图1—12　毫伏表

（2）工作原理

一般万用表的交流电压挡只能测量 1 V 以上的交流电压，而且测量交流电压的频率一般不超过 1 kHz。常见的毫伏表测量的最小量程是 10 mV，测量电压的频率可以是 $50 \sim 100 \times 10^3$ Hz，是测量音频放大电路必备的仪表之一。毫伏表使用三个普通晶体管、一块 100 微安的表头和一些其他元件，电路简单，制作容易。

（3）使用方法

1）测量前应短路调零。打开电源开关，将测试线（也称开路电缆）的红黑夹子夹在一起，将量程旋钮旋到 1 mV 量程，指针应指在零位（有的毫伏表可通过面板上的调零电位器进行调零，凡面板无调零电位器的，内部设置的调零电位器已调好）。若指针不指在零位，应检查测试线是否断路或接触不良，应更换测试线。

2）毫伏表灵敏度较高，打开电源后，在较低量程时由于干扰信号（感应信号）的作用，指针会发生偏转，称为自起现象。所以在不测试信号时应将量程旋钮旋到较高量程挡，以防打弯指针。

3）毫伏表接入被测电路时，其地端（黑夹子）应始终接在电路的地上（成为公共接地），以防干扰。

4）调整信号时，应先将量程旋钮旋到较大量程，改变信号后，再逐渐减小。

5）毫伏表表盘刻度分为 0～1 和 0～3 两种刻度，量程旋钮切换量程分为逢一量程（1 mV、10 mV、0.1 V…）和逢三量程（3 mV、30 mV、0.3 V…），凡逢一的量程直接在 0～1 刻度线上读取数据，凡逢三的量程直接在 0～3 刻度线上读取数据，单位为该量程的单位，无需换算。

6）使用前应先检查量程旋钮与量程标记是否一致，若错位会产生读数错误。

7）毫伏表只能用来测量正弦交流信号的有效值，若测量非正弦交流信号要经过换算。

8）不可用万用表的交流电压挡代替毫伏表测量交流电压（万用表内阻较低，用于测量50 Hz左右的工频电压）。

第2节　低压电器及电工材料的选用

 学习单元1　电线电缆的选用

 学习目标

➤ 熟悉电线电缆的常用规格型号
➤ 掌握电线电缆的安全载流估算

 **知识要求**

一、常用电线电缆

1. 电线和电缆的定义及区别

电线（electric wire）是指传导电流的导线，它和电缆（electric cable）在概念上并没有严格的界限。狭义上，分为"电线"和"电缆"，广义上统称为"电缆"。通常认为：

（1）单根叫"线"，多根叫"缆"。

（2）直径小的叫"线"，直径大的叫"缆"。

（3）结构简单的叫"线"，结构复杂的叫"缆"。

但随着使用范围的扩大，很多品种"线中有缆""缆中有线"，所以没有必要严格区分，如图1—13所示。在日常习惯上，把家用布电线称为电线，把电力电缆简称电缆。

图1—13 电线电缆

2. 电线电缆的分类及型号定义

（1）分类

电线电缆产品主要分五大类：

1）裸电线及裸导体制品。这类产品的主要特征是：纯的导体金属，无绝缘及护套层，如钢芯铝绞线、铜铝汇流排、电力机车线等；加工工艺主要是压力加工，如熔炼、压延、拉制、绞合/紧压绞合等；产品主要用在城郊、农村、用户主线、开关柜等。

2）电力电缆。这类产品主要特征是：在导体外挤（绕）包绝缘层，如架空绝缘电缆，或几芯绞合（对应电力系统的相线、零线和地线），如二芯以上架空绝缘电缆，或再增加护套层，如塑料/橡套电线电缆。主要的工艺技术有拉制、绞合、绝缘挤出（绕包）、成缆、铠装、护层挤出等，各种产品的不同工序组合有一定区别。

产品主要用在发、配、输、变、供电线路中的强电电能传输，通过的电流大（几十安至几千安）、电压高（220 V～500 kV及500 kV以上）。

3）电气装备用电线电缆。这类产品主要特征是：品种规格繁多，应用范围广，使用电压在1 kV及以下较多，面对特殊场合不断衍生新的产品，如耐火线缆、阻燃线缆、低烟无卤/低烟低卤线缆、防白蚁线缆、防老鼠线缆、耐油/耐寒/耐温/耐磨线缆、医用/农用/矿用线缆、薄壁线缆等。

4）通信电缆及光纤。随着近二十多年来通信行业的飞速发展，产品也有惊人的发展速度。从过去的简单的电话电报线缆发展到几千对的话缆、同轴缆、光缆、数据电缆，甚至组合通信电缆等。该类产品结构尺寸通常较小而均匀，制造精度要求高。

5）电磁线（绕组线）。主要用于各种电动机、仪器仪表等。

（2）型号及含义

电线电缆的型号组成顺序为：［1：用途］［2：导体材料］［3：绝缘］［4：内护层］［5：结构特征］［6：外护层］－［7：使用特征］。下面简单介绍电线电缆型号的内容及含义。

［1：］用途代码——不标为电力电缆，K 为控制缆，P 为信号缆。

［2：］导体材料代码——不标为铜，L 为铝。

［3：］绝缘代码——Z 油浸纸，X 橡胶，V 聚氯乙烯，YJ 交联聚乙烯，Y 聚乙烯。

［4：］内护层代码——Q 铅包，L 铝包，H 橡套，V 聚氯乙烯护套，内护套一般不标识。

［5：］结构特征——D 不滴流，P 干绝缘。

［6：］外护层代码——用 1～3 个数字表示。

［7：］使用特征——TH 湿热带，TA 干热带，ZR－（阻燃），NH－（耐火），WDZ－（低烟无卤、企业标准）。

1～5 项和第 7 项用拼音字母表示，高分子材料用英文名的低位字母表示，每项可以是 1～2 个字母；第 6 项是 1～3 个数字。

型号中的省略原则：电线电缆产品中铜是主要使用的导体材料，故铜芯代号 T 省略，但裸电线及裸导体制品除外。裸电线及裸导体制品类、电力电缆类、电磁线类产品不表明大类代号，电气装备用电线电缆类和通信电缆类也不列明，但列明小类或系列代号等。

第 7 项是各种特殊使用场合或附加特殊使用要求的标记，在"－"后以拼音字母标记。有时为了突出该项，把此项写到最前面。如 ZR－（阻燃）、NH－（耐火）、WDZ－（低烟无卤、企业标准）、TH－（湿热带）、FY－（防白蚁、企业标准）等。

数字标记铠装层、外被层或外护套的含义如下：

0——无；

1——联锁铠装纤维外被层；

2——双层钢带聚氯乙烯外护套；

3——细圆钢丝聚乙烯外护套；

4——粗圆钢丝；

5——皱纹（轧纹）钢带；

6——双铝（或铝合金）带；

8——铜丝编织；

9——钢丝编织。

3. 常用电缆使用场合

（1）主要应用分类

电线电缆的应用主要分为三大类：

1）电力系统。电力系统采用的电线电缆产品主要有架空裸电线、汇流排（母线）、电力电缆〔塑料线缆、油纸力缆（基本被塑料电力电缆代替）、橡套线缆、架空绝缘电缆〕、分支电缆（取代部分母线）、电磁线缆以及电力设备用电气装备电线电缆等。

2）信息传输系统。用于信息传输系统的电线电缆主要有市话电缆、电视电缆、电子线缆、射频电缆、光纤缆、数据电缆、电磁线、电力通信或其他复合电缆等。

3）机械设备、仪器仪表系统。此部分除架空裸电线外几乎其他所有产品均有应用，但主要是电力电缆、电磁线缆、数据电缆、仪器仪表线缆等。

（2）各规格电缆使用场合

1）VV。聚氯乙烯绝缘，聚氯乙烯护套电力电缆。可敷设在室内、隧道内、电缆沟内、管道中、易燃及严重腐蚀的地方，但不能承受机械外力作用。如需承受机械外力作用需加绕钢带铠装。

2）YJV。交联聚乙烯绝缘，聚氯乙烯护套电力电缆。可敷设在室内、隧道内及管道中，可经受一定的敷设牵引，但电缆不能承受外力作用，单芯电缆不允许敷设在磁性材料管道中。如需承受机械外力作用需加绕钢带铠装。

3）ZR—VV。阻燃聚氯乙烯绝缘，聚氯乙烯护套电力电缆。可敷设在室内、隧道内、电缆沟内、管道中、易燃及严重腐蚀的地方，但不能承受机械外力作用。如需承受机械外力作用需加绕钢带铠装。这类电缆的特点是在明火燃烧的情况下，移走火源后，12 s 以内电缆会自动熄灭。

4）ZR—YJV。阻燃交联聚乙烯绝缘，聚氯乙烯护套电力电缆。可敷设在室内、隧道内及管道中，可经受一定的敷设牵引，但电缆不能承受外力作用，单芯电缆不允许敷设在磁性材料管道中。如需承受机械外力作用需加绕钢带铠装。这类电缆的特点是在明火燃烧的情况下，移走火源后，12 s 以内电缆会自动熄灭。

5）NH—VV。耐火聚氯乙烯绝缘，聚氯乙烯护套电力电缆。可敷设在室内、隧道内、电缆沟内、管道中、易燃及严重腐蚀的地方，但不能承受机械外力作用。如需承受机械外力作用需加绕钢带铠装。适用于特殊要求场合，如大容量电厂、核电站、地下铁道、高层建筑等。这类电缆的特点是在燃烧的环境中，它能保持90 min的正常运行。

6）NH—YJV。耐火交联聚乙烯绝缘，聚氯乙烯护套电力电缆。可敷设在室内、隧道内及管道中，可经受一定的敷设牵引，但电缆不能承受外力作用，单芯电缆不允许敷设在磁性材料管道中。如需承受机械外力作用需加绕钢带铠装。适用于特殊要求场合，如大容量电厂、核电站、地下铁道、高层建筑等。这类电缆的特点是在燃烧的环境中，它能保持 90 min 的正常运行。

二、电线电缆的安全载流量

1. 导体线径一般计算公式

铜线：$S = IL/(54.4 \times U)$

铝线：$S = IL/(34 \times U)$

式中　I——导线中通过的最大电流，A；

L——导线的长度，m；

U——允许的电压降，V；

S——导线的截面积，mm^2。

　　一般来讲，铜导线载流量导线的安全载流量是根据所允许的线芯最高温度、冷却条件、敷设条件来确定的。平常铜导线安全载流量是 $5 \sim 8$ A/mm^2，铝导线的安全载流量是 $3 \sim 5$ A/mm^2。例如：2.5 mm^2 BVV 铜导线安全载流量的推荐值为 $2.5 \times 8 = 20$ A，4 mm^2 BVV 铜导线安全载流量的推荐值为 $4 \times 8 = 32$ A。

2. 导体线径估算口诀

二点五下乘以九，往上减一顺号走。

三十五乘三点五，双双成组减点五。

条件有变加折算，高温九折铜升级。

穿管根数二三四，八七六折满载流。

　　估算口诀说明：本口诀对各种绝缘线（橡皮和塑料绝缘线）的载流量（安全电流）不是直接指出，而是用"截面积乘上一定的倍数"来表示，通过心算而得。倍数随截面积的增大而减小。

　　"二点五下乘以九，往上减一顺号走"是指截面积为 2.5 mm^2 及以下的各种铝芯绝缘线，其载流量约为截面积的 9 倍。如 2.5 mm^2 导线，载流量为 $2.5 \times 9 = 22.5$ A。截面积为 4 mm^2 及以上的导线载流量和截面积的倍数关系是顺着线号往上排，倍数逐次减 1，即 4×8、6×7、10×6、16×5、25×4。

　　"三十五乘三点五，双双成组减点五"是指截面积为 35 mm^2 的导线载流量为截面积的 3.5 倍，即 $35 \times 3.5 = 122.5$ A。截面积为 50 mm^2 及以上的导线，其载流量与截面积之间的倍数关系变为两个两个线号成一组，倍数依次减 0.5。即

50 mm²、70 mm² 导线的载流量为截面积的 3 倍；95 mm²、120 mm² 平方导线载流量是其截面积的 2.5 倍，依次类推。

"条件有变加折算，高温九折铜升级"。上述口诀是铝芯绝缘线、明敷在环境温度 25℃ 的条件下而定的。若铝芯绝缘线明敷在环境温度长期高于 25℃ 的地区，导线载流量可按上述口诀计算方法算出，然后再打九折即可；当使用的不是铝线而是铜芯绝缘线，它的载流量要比同规格铝线略大一些，可按上述口诀方法算出比铝线加大一个线号的载流量。如 16 mm² 铜线的载流量，可按 25 mm² 铝线的载流量来计算。

"穿管根数二三四，八七六折满载流"。就是穿 2 根时，要按 8 折计算载流量，3 根按 7 折计算，4 根按 6 折计算。

 学习单元 2　常用电工辅料的选用

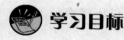 **学习目标**

➤ 熟悉常用电缆接头的类型及选用方法
➤ 掌握常用接线端子的类型及选用方法

 **知识要求**

一、电缆接头的类型及选用

1. 常用电缆接头的类型

电缆接头（cable joint）是连接两根电缆形成连续电路的电缆附件。电缆线路中间部位的电缆接头称为中间接头，而线路两末端的电缆接头称为终端头。

电缆接头的主要作用是使线路通畅，使电缆保持密封，并保证电缆接头处的绝缘等级，使其安全可靠地运行。若是密封不良，不仅会漏油造成油浸纸干枯，而且潮气也会侵入电缆内部，使纸绝缘性能下降。

常用的电缆接头，按安装的场所不同可分为户内式和户外式两种。按制作安装材料不同又可分为热缩式（最常用的一种）、干包式和环氧树脂浇注式及冷缩式。按线芯材料不同可分为铜芯电力电缆头和铝芯电力电缆头。按接头材质不同可分为塑料电缆接头和金属电缆接头。金属电缆接头又分为多孔金属电缆防水接头、防折弯金属电缆接头、双锁紧金属电缆防水接头、塑料软管电缆接头、金属软管电缆接头等。常用电缆接头如图1—14所示。

a)   b)

图1—14　常用电缆接头

a）金属电缆接头　b）尼龙电缆接头

2. 常用电缆接头压接工具及使用方法

常用电缆接头压接工具有液压剪、剥皮器、机械液压钳、手动机械压接钳等。用压接钳对导线进行冷压接时，应先将导线表面的绝缘层及油污清除干净，然后将两根需要压接的导线头对准中心，确认在同一轴上后，然后用手扳动压接钳的手柄，压2～3次。铝—铜接头应压3～4次。一般手动压接钳可以压接直径为1～4 mm的铝—铝导线和铝—铜导线。

二、接线端子的类型及选用

1. 常用接线端子的类型

按端子的功能分类有欧式接线端子（JTB）、栅栏式接线端子（BTB）、插拔式接线端子（PTB）、弹簧式接线端子（STB）、轨道式接线端子（RTB）、H型接线端子（PWTB）、Q型接线端子等。

插拔式接线端子　由两部分插拔连接而成，一部分将线压紧，然后插到另一部分，这部分再焊接到PCB板上。插座两端可加装配耳，装配耳在很大程度上可以保护接片并且可以防止接片排列位置不佳，同时这种插座设计可以保证插座正确地插进母体。插座也可以有装配扣位和锁定扣位。装配扣位可以起到更加稳固地固定到PCB板上的作用，锁定扣位可以在安装完成后锁定母体和插座。

栅栏式接线端子　能够实现安全、可靠、有效的连接，特别是在大电流、高电压的使用环境中应用比较广泛。

弹簧式接线端子是利用弹簧性装置的新型接线端子，已广泛应用于世界电工和电子工程工业：如照明、电梯升降控制、仪器仪表、电源、化学和汽车动力等。

　　轨道式接线端子采用了可靠的螺纹连接技术、电子熔断技术和最新的电连接技术，广泛用于电力电子、通信、电气控制和电源等领域。

2. 接线端子和特定导线线端的标示方法

　　下面以一个型号端子来说明（如 JX11：12）：

　　"："前面是端子组件、器件代号，"："后面是端子编号。如 JX11：12 表示编号为 JX11 的端子组、编号为 12 的端子。

 学习单元 3　电工常用线槽、管材的选用

 学习目标

➢ 熟悉选用常用线槽、管材的方法
➢ 了解线槽、管材（线管）的敷设方式及要求

 知识要求

一、电工常用线槽、管材的基本用途及选用

1. 常用线槽的类型及基本用途

　　线槽（wire groove）又名走线槽、配线槽、行线槽（因地方而异），它是用来将电源线、数据线等线材规范地整理、固定在墙上或者天花板上的电工用具，如图1—15 所示。

a)　　　　　　　　　　　　　　　　b)

图 1—15　线槽

（1）线槽的类型

1）按材质分。可分为塑料材质线槽和金属材质线槽。

2）按功能分。可分为电话配线槽、明线配线槽、地板配线槽、绝缘配线槽、拨开式配线槽、室内装潢配线槽等。

3）按外形分。可分为一体式绝缘配线槽、圆形配线槽、迷你型配线槽、盖式配线槽等。

（2）线槽的基本用途

金属线槽一般由电镀彩锌或镀锌板制成，用于线径较大、承重较大，室内室外的电线电缆。

塑料线槽具有绝缘、防弧、阻燃自熄等特点，主要用于电气设备内部布线，在1200 V 及以下的电气设备中对敷设其中的导线起机械防护和电气保护作用。使用线槽后，配线方便，布线整齐，安装可靠，便于查找、维修和调换线路。

2. 常用管材的类型及基本用途

管材（pipe）就是用于做管件的材料，常见管材如图 1—16 所示。

a)　　　　　　　　　　　　b)

图 1—16　常见管材

a）PVC 管材　b）玻璃钢管材

（1）常见管材的类型

1）按穿过电线电缆分。分为穿线管和电缆管。

2）按材质分。分为金属管材和非金属管材。常见的金属管材有铝质管材（铝合金管材）、钢质管材（镀锌管材）、铜质管材（铜合金管材）等。常见的非金属管材有 PVC 管材和玻璃钢管材等。

3）按外形分。分为圆形管材、方形管材、多孔管材（多孔栅格管材、多孔梅花管材、多孔蜂窝管材等）、螺纹管材等。

（2）常见管材的基本用途

1）玻璃钢管材。玻璃钢管材是一种新型的复合材料管材，它以树脂为基体和玻璃纤维为增强材料复合而成，与不饱和树脂黏结成型并能与现代电缆工程建设相配套。

玻璃钢管材具有抗压力强、重量轻、内壁光滑、摩擦系数小、在穿用电缆时轻松、不损伤电缆等优点，并且搬运要比金属钢管和水泥管轻松、方便。施工安装简便，既省事又省力。耐腐蚀性能强、绝缘、非磁性、耐酸、耐碱、阻燃、抗静电。弯曲弹性模量好，完全解决了金属钢管材易腐烂、无扭曲弹性的特点，同时也克服了塑料管易老化、抗冲击力差的不足。耐水性能好，可在潮湿或水中长期使用不变质。由于玻璃钢的特定性能，该玻璃钢管材使用寿命在 50 年以上。施工方便，在抢修特定工程时，效率尤为突出，是电力电缆工程、通信电缆市政工程及道路地下敷设电缆最为理想的保护装置，电缆过河、过桥使用最为适宜、轻便。

玻璃钢管材可以应用于淤泥质软土地工区、湿陷性黄土地区、湖泊海洋地区以及存在高深度化学腐蚀性介质地区等多种场地区域。采用配套的专用管枕组合，可组成多层多列的多管道排管方式。电缆过桥、过河等特殊环境进线时可用玻璃钢管材作为保护管。

玻璃钢管材典型的应用领域有：

① 城市电网建设和改造工程。
② 城市市政改造工程。
③ 民航机场工程建设。
④ 工业园区、小区工程建设。
⑤ 交通路桥工程建设。

2）PVC 管材。PVC 管材全称为"建筑用绝缘电工套管"，执行标准：JG 3050—1998。通俗地讲，它是一种白色的硬质 PVC 胶管，具有防腐蚀、防漏电等特点。

PVC 管材用于室内正常环境和在高温、多尘、有震动及有火灾危险的场所，也可在潮湿的场所使用，不得在特别潮湿，有酸、碱、盐腐蚀和有爆炸危险的场所使用。使用环境温度为 −15～+40℃。PVC 管材具有优良的机械性能、优良的抗腐蚀性能，PVC 管材耐压强度高，工作压力超过 2.5 MPa。PVC 管材表面光滑、流体阻力小，不结垢、不宜滋生微生物。热膨胀系数小，不收缩变形。

放在室外的 PVC 管材最好要防止暴晒、防止其他东西撞击。PVC 管材本身比较脆，暴晒会加速 PVC 管材的老化，受到剧烈撞击时易破裂。如果长期存储，可套上一层保护膜避免其风化。

3）内外涂塑复合钢管。内外涂塑复合钢管具有优良的耐腐蚀性能。同时涂层本身还具有良好的电气绝缘性，不会产生电蚀。吸水率低，机械强度高，摩擦系数小，能够达到长期使用的目的。还能有效地防止植物根系及土壤环境应力的破坏。内外涂塑复合钢管具有连接便捷、维修简便的特点。

电力电缆穿管、市政通讯等使用的内外涂塑复合钢管，涂层材料为PE（改性聚乙烯）或环氧树脂，PE（改性聚乙烯）涂层厚度为 $400\sim1000\ \mu m$，环氧树脂喷涂厚度为 $100\sim400\ \mu m$。涂覆方式PE（改性聚乙烯）为热浸塑。

二、线槽、管材（线管）的敷设方式及要求

线管配线有明配和暗配两种。明配管要求横平竖直，整齐美观。暗配管要求管路短，畅通，弯头少，符合施工验收规范。

线管配线的操作程序，通常是先选好管子，对管子进行一系列加工后，再敷设管路，清除管内杂物，最后把导线穿入管内，并与各种用电设备连接。

1. 明管敷设

（1）明管配线应横平竖直，整齐美观，施工前应熟悉图纸，使用线锤、灰线包进行划线，成排同规格管子之间距离应均匀，管子较多时可紧靠一起密摆布设，所有管子应排列整齐，转弯部分应按同心圆弧的形式进行排列。

（2）明敷管子固定点之间应整齐均匀；管卡与终端、转弯中点、电气器具或接线盒边缘的距离为 $150\sim500$ mm；中间的管卡最大距离应符合表1—7的规定。

表1—7　　　　　　　　　　　　钢管中间管卡最大距离

敷设方式	钢管名称	钢管直径（mm）			
		$15\sim20$	$25\sim32$	$40\sim50$	$65\sim100$
吊架、支架或沿墙敷设	厚钢管	1.5 m	2.0 m	2.5 m	3.5 m
吊架、支架或沿墙敷设	薄钢管	1.0 m	1.5 m	2.0 m	—

（3）对于电气配管，不允许将管子焊在支架或设备上，成排管并列时，接地、接零线的跨线应使用圆钢或扁钢进行焊接，不允许在管缝间直接焊接。

（4）钢管进入灯头盒、开关盒、拉线盒、接线盒及配电箱时，暗配管可用焊接固定，管口露出盒（箱）应小于5 mm；明配管应用锁母锁紧或用护圈帽固定，露出锁紧螺母的丝扣为2～4扣。

（5）水平或垂直敷设的明配管路允许偏差值在2 m内均为3 mm；全长不应超过管子内径的1/2。

（6）电气管路应敷设在热水管和蒸汽管的下面，在不得已的情况下，也允许敷设在上面，但相互间的距离应符合下列要求：

1）当电气管路在热水管下面时为 0.2 m，在其上面时为 0.6 m。

2）当电气管路在蒸汽管下面时为 0.5 m，在其上面时为 1 m。

当不能满足这些要求时，应采取隔热处理措施。对有保温措施的蒸汽管，相互间的净距离均可为 0.2 m。

（7）两个出线盒（箱）之间，不应有 4 个及以上的直角弯。如有 4 个及以上的直角弯，应加装拉线盒。

（8）垂直敷设的管子，按穿入导线截面积的大小，在每隔 10～20 m 处，增加一个固定穿线的接线盒（拉线盒），用绝缘线夹将导线固定在盒内，导线越粗，固定点之间的距离越短。

2. 暗管敷设

（1）在混凝土内暗设管路时，管路不得穿越基础盒伸缩缝。如必须穿过时，应改为明管，并以金属软管或过路箱等作为补偿装置。

（2）暗管敷设应密切与土建配合，采取在混凝土、楼板、地坪及墙内预埋的措施，如预埋套管、预留孔洞、槽等。预埋管应一律在管口堵以木塞或硬质泡沫塑料堵口，并在管内穿好铅丝。

（3）敷设在墙内、地坪内的管子应满足下列要求：

1）对于混凝土地面，暗管应尽量不深入土层中，但当弯头不能全部埋入时，可适当增加埋入深度。

2）除设计有规定者外，出地管口高度一般不宜低于 200 mm。

3）敷设位置应尽量与主筋平行，不使钢筋受损伤，如重叠时，管路应在钢筋上面或在上、下两层钢筋之间，以使管子不受较大的力。

4）木楼板下的管子，可敷设在楼板下面的搁条上，搁条上所开的管槽，应与管子外径相吻合。

（4）潮湿地方的管路应使用厚度为 2.5 mm 以上的管子，管子接头处应以柏油、麻丝缠绕，以增强严密性。

（5）引入配电箱的管子，管口要齐，由顶面或侧面引入座式箱、柜的管子和由任何方向进入挂式箱、柜或类似座式、挂式箱、柜的管子均应用锁母（纳子）或用焊接与箱柜的壁加以固定。

（6）所有连接金属管子的附件部位如接线盒、管接头（套管焊接除外）等，均要用适当截面的圆钢或扁钢跨接焊接，以做良好接地。管子引至设备的终端，应在穿线前焊接好接地螺栓或接线鼻子。跨接地线的截面大小可参照表1—8。暗管配线的管路埋设比较复杂，要求较高，暗埋管同土建施工配合十分密切，所埋设的管子位置是否正确，建筑结构是否可以穿越，同配电器具之间如何连接等一系列问题需要根据实际情况解决。

表1—8　　　　　　　　　　　　管子跨接地线选择表　　　　　　　　　　　　mm

管径	圆钢	扁钢
15～25	φ4	
32～40	φ6	
50～63	φ9	25×3
≥70	φ9×2	(25×3)×2

3. 塑料管敷设

电气管线目前使用的塑料管有聚氯乙烯硬塑料管、塑料电线管（也称半硬塑料管或流体管）和波纹塑料管。

塑料管的敷设方式和电线管基本相同。塑料管及其配件的选用应根据其特性，如变形、老化、煨弯和连接方式等的特点进行。所选用的灯头盒、开关盒及接线盒等均采用塑料制品，如因工程规模小、数量少而采用塑料管敷设配铁盒时，应加穿一根接地线。塑料管敷设要求如下：

（1）塑料管应平直放置于室内，不能暴晒。塑料管在运输、加工和使用过程中不得用金属工具敲打。

（2）塑料管应进行热煨管（波纹塑料管可用手工冷煨弯），可用热砂或热水加热，也可采用电吹风、加热机、油热烫等方法加热，加热应均匀，加热时要转动管子，温度控制在85～95℃之间，其加热长度及弯曲半径的规定见表1—9。

表1—9　　　　　　　　　　　塑料管的加热长度与弯曲半径表

管子外径（mm）	弯曲半径为管子直径的倍数	加热长度为管子直径的倍数
9～20	3	6.5
25～44	3.5	7
50～75	4.5	8
100	4.6～4.8	9
150	5	9.5

（3）对于机械强度和密封性要求高的场所，塑料管一般可用套管连接，套管长度不小于直径的2.5倍，其内径应略小于管径1～1.5 mm，安装时两管必须对拢牢靠。硬塑料管的连接也可加热管端，使端部长约直径2.5倍处膨胀后，用胀管法连

接，密封性要求较高的连接，应在连接部位加塑料胶密封。

（4）塑料管路穿越墙壁或楼板时应加装金属套管，套管两端要伸出墙壁或楼板各 10 mm。

（5）塑料管架空敷设所用的支吊架应刷防锈漆。支架间距一般为：管径50 mm及以下者不大于 1.5 m；管径 50 mm 及以上者不大于 2 m。管接头不应设在支架上，应设在距离支架约 0.5 m 处。

（6）明配塑料管应排列整齐，固定点的距离应均匀。管卡与终端、转接中点、电气器具或接线盒边缘的距离为 150～500 mm；中间的管卡最大距离应符合表1—10 的规定。

表 1—10　　　　　　　　　　硬塑料管中间管卡最大距离

最大允许距离（m） 敷设方式 硬塑料管	内径（mm）		
	＜20	25～40	40～50
吊架、支架或沿墙敷设	1.0	1.5	2.0

（7）塑料管的线膨胀系数较大，对于直线管及室外管路，每隔 15 m 处都应加装伸缩补偿装置。

（8）塑料管应尽量不与热力管道靠近，必须靠近时（如位置限制），其间隔距离不应小于 300 mm，当两种管道平行敷设时，应加装隔热板。

（9）塑料电线管（半硬塑料管）敷设

1）塑料电线管适用于一般民用建筑的照明工程暗管敷设，不得在高温场所和顶棚内敷设，由于在制造时已经加了阻燃剂，塑料电线管是不延燃的，目前多采用轻钢龙骨吊顶结构、天棚粘贴石膏板，防火性能较好，故这类结构也可以采用塑料电线管。

2）塑料电线管应使用套管黏接法连接，接管长度应不小于接管外径的 2 倍，接口处应用胶合黏接牢固。

3）塑料电线管的弯曲半径应不小于管外径的 6 倍。

4）敷设塑料电线管宜减少弯曲，当线路直线段的长度超过15 m 或直角弯超过3 个时，均应加装接线盒。

5）塑料电线管敷设在现场浇灌的混凝土结构中，应有预防机械损伤的措施。

（10）波纹塑料管也具有不延燃性，塑料电线管的敷设方式同样适用于波纹塑料管。

学习单元4　低压电器的识别

 学习目标

➤ 掌握常用低压电器的图形符号和文字符号
➤ 熟悉常用断路器、接触器、继电器、电能表、漏电保护器规格型号及用途

 知识要求

一、常用低压电器的图形符号和文字符号

低压电器是指在交流电压1000 V以下、直流电压1200 V以下的电气线路中起保护、控制或调节等作用的电气元件。常见的低压电器按用途可分为低压配电电器、低压控制电器、低压主令电器、低压保护电器及低压执行电器等。

低压配电电器是用于供电系统中进行电能输送和分配的电器，有低压断路器、隔离开关、刀开关等；低压控制电器是用于各种控制电路和控制系统的电器，有接触器、继电器等；低压主令电器是用于发送控制指令的电器，包括按钮、主令开关、行程开关等；低压保护电器是用于对电路和用电设备进行保护的电器，有熔断器、热继电器、电压继电器、电流继电器等；低压执行电器是用于完成某种动作和传动功能的电器，有电磁铁、电磁离合器等。

表1—11是常用的低压电器元件的文字符号及图形符号。

表1—11　　　　　低压电器文字符号及图形符号

低压电器元件	文字符号	图形符号
熔断器	FU	
刀开关	QS	

续表

低压电器元件	文字符号	图形符号
断路器	QF	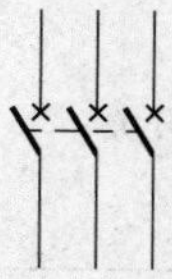
热继电器	KH	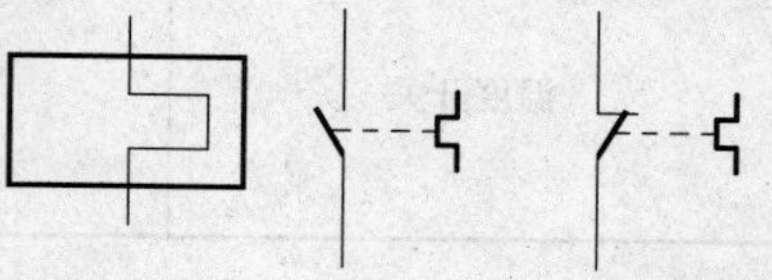
接触器（常开、常闭触点）	KM	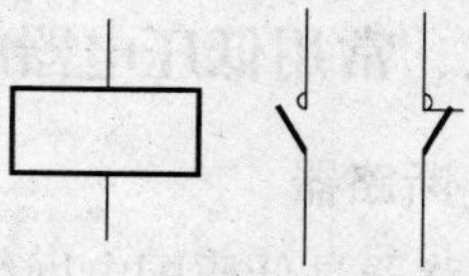
中间继电器	KA	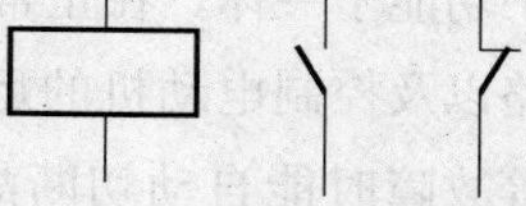
电流继电器	KI	
电压继电器	KV	
通电延时时间继电器	KT	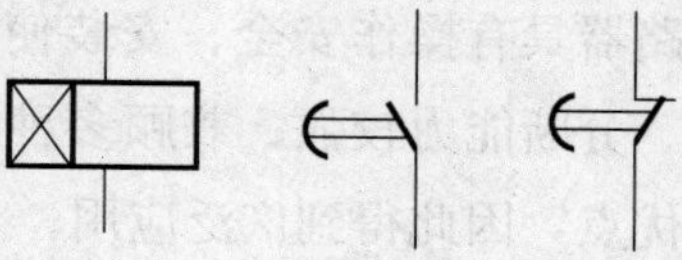
断电延时时间继电器		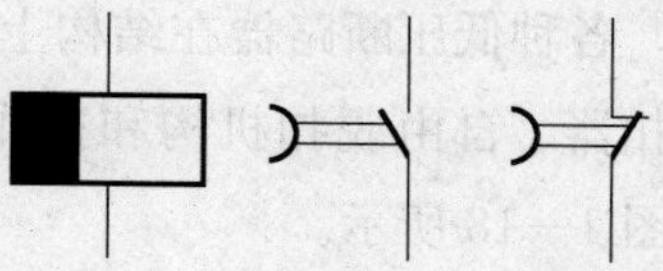
按钮	SB	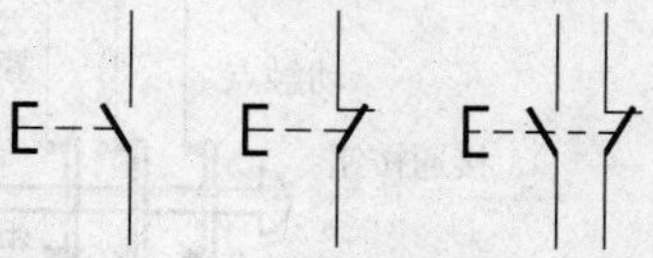
转换开关	SA	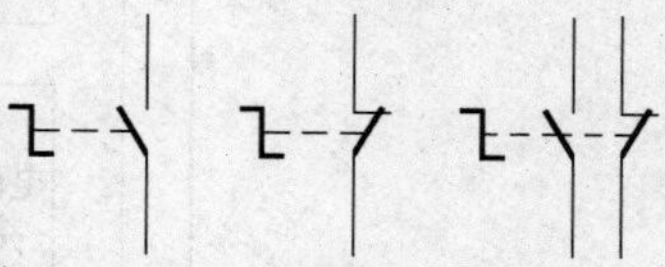
行程开关	SQ	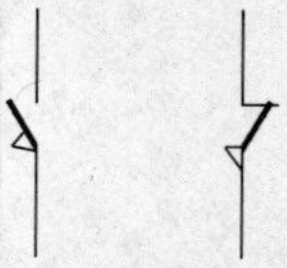

33

续表

低压电器元件	文字符号	图形符号
压力开关	SP	P⊢—\ P⊢—\
温度开关	ST	T⊢—\ T⊢—\

二、常用低压电器的结构、工作原理及应用

1. 断路器

断路器是低压配电网络和电力拖动系统中常用的一种配电电器，它集控制和多种保护功能于一体，在正常情况下可用于不频繁地接通和断开电路以及控制电动机的运行。当电路中发生短路、过载或失压等故障时能自动切断故障电路，保护线路和电气设备。断路器具有操作安全、安装使用方便、工作可靠、动作值可调、分断能力较强、兼顾多种保护和动作后不需要更换元件等优点，因此得到广泛应用。

各种低压断路器在结构上都由主触头和灭弧装置、各种脱扣器、自由脱扣机构和操作机构三部分组成，如图1—17和图1—18所示。

图1—17 断路器

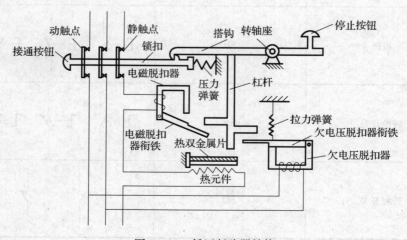

图1—18 低压断路器结构

图 1—18 中低压断路器主触头（动触头、静触头）串联在被控制的三相电路中。当按下接通按钮时，外力使锁扣克服压力弹簧的斥力，将固定在锁扣上面的动触头与静触头闭合，并由锁扣锁住搭钩，使开关处于接通状态。

当开关接通电源后，电磁脱扣器、热双金属片及欠电压脱扣器若无异常反应，开关运行正常。

当线路发生短路或严重过电流时，短路电流超过瞬时脱扣整定值，电磁脱扣器产生足够大的吸力，将衔铁吸合并撞击杠杆，使搭钩绕转轴座向上转动与锁扣脱开，锁扣在压力弹簧的作用下，将三副主触头分断，切断电源。

当线路发生一般性过载时，过载电流虽不能使电磁脱扣器动作，但能使热元件产生热量，促使双金属片受热向上弯曲，推动杠杆使搭钩与锁扣脱开将主触头分断。

欠电压脱扣器的工作过程与电磁脱扣器恰恰相反。当线路电压正常时，电压脱扣器产生足够的吸力，克服拉力弹簧的作用将衔铁吸合，衔铁与杠杆脱离，锁扣与搭钩才得以锁住，主触头方能闭合。当线路上电压全部消失或电压下降到某一数值时，欠压脱扣器吸力消失或减小，衔铁被拉力弹簧拉开并撞击杠杆，主电路电源被分断。同样道理，在无电源电压或电压过低时自动空气开关也不能接通电源。

正常分断电路时，按下停止按钮即可。

2. 接触器

接触器是电力拖动和自动控制系统中应用最普遍的一种电器，如图 1—19 所示。它作为执行元件，可以远距离频繁地自动控制电动机的启动、运转和停止，具有控制容量大、工作可靠、操作频率高（每小时可以带电操作 1200 次）、使用寿命长等优点，因而在电力拖动系统中得到了广泛的应用。接触器主要控制对象是电动机，也可用于控制其他电力负载，如电热器、照明灯、电焊机、电容器组等。

（1）接触器的主要结构

图 1—19　接触器

接触器由触点系统、电磁机构、弹簧、灭弧装置和支架底座等部分组成。

1）电磁机构。电磁机构由铁心、衔铁和电磁线圈组成。线圈套在铁心上，它们是不动的（静铁心），只有衔铁（或称动铁心）是可动的。当线圈通入电流后，产生磁场，磁通经铁心、衔铁和工作气隙形成闭合回路，产生电磁吸力，在电磁吸力作用下将衔铁吸向铁心。与此同时，衔铁还受到反作用弹簧的拉力，只有当电磁力大于弹簧反力时，衔铁才能可靠地吸合。

2）主触头和灭弧装置。主触头按其容量大小有桥式触头和指形触头两种形式。直流接触器和 20 A 以上的交流接触器的主触头上均装有灭弧室，有的灭弧室具有栅片灭弧或磁吹灭弧的功能。

3）辅助触头。辅助触头是用在控制电路中起控制作用的触头。触头容量较小，皆为桥式双断点结构且不用装设灭弧罩。辅助触头有常开与常闭触头之分。

4）反力装置。反力装置由释放弹簧和触头弹簧组成。

5）支架与底座。支架与底座用于接触器的固定和安装。

（2）接触器的工作原理

电磁线圈通电后，在铁心中产生磁通，于是在衔铁气隙处产生电磁吸力，使衔铁吸合。经传动机构带动主触头与辅助触头动作，主触头接通主电路，并使常开辅助触头闭合、常闭辅助触头断开。而当电磁线圈断电或电压显著降低时，电磁吸力消失或减弱，衔铁在释放弹簧作用下释放，使主触头与辅助触头均恢复到原来状态。

3. 继电器

继电器是一种自动电器，适用于远距离闭合与断开交直流小容量的控制回路。继电器的输入量通常是电压、电流等电量，也可以是温度、速度等非电量。当外界输入量变化到某一定值时控制继电器动作，输出量发生突然跳跃变化，也就是继电器的触点发生分合动作，通过触点的分合动作去操作控制回路。它们在电力拖动系统中主要起控制和保护作用。通常应用于自动化的控制电中，它实际上是用小电流去控制大电流运作的一种"自动开关"。故在电路中起着自动调节、安全保护、转换电路等作用。

继电器的用途广泛，种类很多。按反映的信号不同分类，可分为电压继电器、电流继电器、时间继电器、热继电器、温度继电器速度继电器和压力继电器等。其中大多数控制继电器采用电磁式结构，与前面介绍的接触器基本相似，也是由电磁系统和触点组成。由于继电器的触点用于控制回路中，控制回路的功率一般不大，所以对继电器触点的额定电流与转换能力的要求不高，因此继电器一般不采用灭弧装置，触点的结构也较简单。

（1）继电器的分类

按继电器的工作原理或结构特征分为如下几类（见图1—20）：

1）电磁继电器。电磁继电器是利用输入电路内电路在电磁铁铁心与衔铁间产生的吸力作用而工作的一种电气继电器。

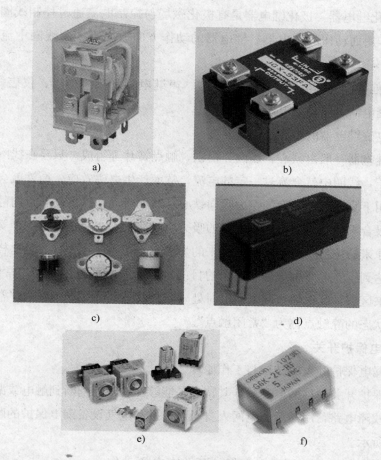

图 1—20　常见继电器

a) 电磁继电器　b) 固体继电器　c) 温度继电器　d) 舌簧继电器

e) 时间继电器　f) 高频继电器

2) 固体继电器。固体继电器是指电子元件履行其功能而无机械运动构件的，输入和输出隔离的一种继电器。

3) 温度继电器。温度继电器是当外界温度达到给定值时动作的继电器。

4) 舌簧继电器。舌簧继电器是利用密封在管内、具有触电簧片和衔铁磁路双重作用的舌簧动作来开、闭或转换线路的继电器。

5) 时间继电器。时间继电器是当加上或除去输入信号时，输出部分需延时或限时到规定时间后才闭合或断开其被控线路的继电器。

6) 高频继电器。高频继电器是用于切换高频、射频线路而具有最小损耗的继电器。

7）极化继电器。极化继电器是有极化磁场与控制电流通过控制线圈所产生的磁场综合作用而动作的继电器。继电器的动作方向取决于控制线圈中流过的电流方向。

8）其他类型的继电器。如光继电器、声继电器、热继电器、仪表式继电器、霍尔效应继电器、差动继电器等。

（2）电磁继电器的组成及工作原理

电磁继电器一般由铁心、线圈、衔铁、触点簧片等组成。只要在线圈两端加上一定的电压，线圈中就会流过一定的电流，从而产生电磁效应，衔铁就会在电磁力吸引的作用下克服返回弹簧的拉力吸向铁心，从而带动衔铁的动触点与静触点（常开触点）吸合。当线圈断电后，电磁的吸力也随之消失，衔铁就会在弹簧的反作用力下返回原来的位置，使动触点与原来的静触点（常闭触点）释放。这样吸合、释放，从而达到了在电路中导通、切断的目的。对于继电器的"常开、常闭"触点，可以这样来区分：继电器线圈未通电时处于断开状态的静触点，称为"常开触点"；处于接通状态的静触点称为"常闭触点"。

4. 漏电保护开关

（1）漏电保护开关的结构与工作原理

漏电保护开关简称漏电开关，其特点是能够在检测与判断到触电或漏电故障后自动切断故障电路，用做低压电网人身触电保护和电气设备漏电保护的断路器，如图1—21所示。

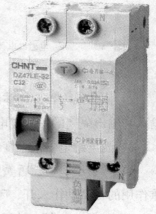

按其脱扣原理的不同，漏电保护开关有电压动作型和电流动作型两种，脱扣器结构有纯电磁式、半导体式和灵敏继电器式三种。电流动作型漏电保护开关由零序电流互感器、放大器、断路器和脱扣器四个主要部件组成。其工作原理是：设备正常运行时，主电路电流的相量和为零，零序电流互感器的铁心无磁通，其二次侧无电压输出。若设备发生漏电或单相接地故障时，由于主电路电流的相量和不再为零，则零序电流互感器的铁心中产生磁通，其二次侧有电压输出。经放大器放大后，输入脱扣器，使断路器跳闸，从而切断故障电路，避免人员发生触电事故。

图1—21 漏电保护开关

（2）漏电保护开关的使用维护

1）漏电保护开关的漏电、过载、短路保护特性均由制造厂整定，在使用中不可随意调节。

2）新安装或运行一段时间后（一般每隔 1 个月）的漏电保护开关，需在合闸通电状态下，按动试验按钮，检查漏电保护性能是否正常可靠。

3）被控制电路发生故障（漏电、过载、短路）时，漏电保护开关分闸，则操作手柄处于中间位置，当查明故障原因，排除故障后再合闸时先将手柄向下扳动，使操作机构"再扣"后，才能进行合闸操作。

4）漏电保护开关因被控制电路短路而分断后，须打开盖子检查触头，进行维护清理。

5. 刀开关

刀开关主要用于隔离电源和不频繁地接通和分断电路。静插座由导电材料和弹性材料制成，固定在绝缘材料制成的底板上。

（1）刀开关的结构

刀开关通常由绝缘底板、动触刀、静触座、灭弧装置和操作机构组成，如图 1—22 所示。动触刀与触刀支座铰链连接，绝缘手柄直接与触刀固定。当触刀插入静触座时，电路接通；当触刀与静触座分开时，电路断开。使用时电源进线连接在静触座的连接螺栓上，负载则接在触刀支座的连接螺栓上，这样当电路断开时，触刀不带电。

图 1—22　刀开关

（2）刀开关在电路中的作用

隔离电源，以确保电路和设备维修的安全；或作为不频繁地接通和分断额定电流以下的负载，如不频繁地接通和分断容量不大的低压电路或直接启动小容量电动机。刀开关处于断开位置时，可明显观察到，能确保电路检修人员的安全。

（3）刀开关的应用

刀开关与熔丝可组合成胶盖瓷座刀开关；刀开关与熔断器可组合成熔断器式刀开关。

胶盖瓷座刀开关（简称闸刀开关）适用于交流额定电压 380 V 和直流 440 V、额定电流在 60 A 以下的电力线路中，作为一般照明、电热等电路的控制开关，也可作为分支电路的配电开关，刀开关没有灭弧装置，可作为配电设备中供不频繁地手动接通和切断负载电路及短路或过载保护。若适当地降低容量，三极胶盖瓷座刀开关可以直接用于控制小型电动机不频繁直接启动和停车，并借助于熔丝起过载和短路保护作用。

熔断器式刀开关适用于配电电路，用做电源开关、隔离开关和应急开关，并做电路保护之用。但一般不用于直接接通和断开电动机。

6．熔断器

熔断器是低压配电系统和电力拖动系统中的保护电器，如图1—23所示。使用时将其串联在所要保护的电路中，当电路发生短路或严重过载时，其熔体熔断自动切断电路，从而达到保护的目的。熔断器也称为"保险"，IEC127标准将它定义为"熔断体（fuse-link）"。它是一种安装在电路中，保证电路安全运行的电气元件。熔断器是根据电流超过规定值一段时间后，以其自身产生的热量使熔体熔化，从而使电路断开，运用这种原理制成的一种电流保护器。熔断器广泛应用于高低压配电系统和控制系统以及用电设备中，作为短路和过电流的保护器，是应用最普遍的保护器件之一。

图1—23 熔断器

（1）熔断器的工作原理

熔断器是一种过电流保护器。熔断器主要由熔体和熔管以及外加填料等部分组成。利用金属导体作为熔体串联于电路中，当过载或短路电流通过熔体时，因其自身发热而熔断，从而达到分断电路的目的。熔断器结构简单，使用方便，广泛用于电力系统、各种电工设备和家用电器中作为保护器件。

（2）熔断器的选择

熔断器的选择主要依据负载的保护特性和短路电流的大小。对于容量小的电动机和照明支线，常采用熔断器作为过载及短路保护，因而希望熔体的熔化系数适当小些，通常选用铅锡合金熔体的RQA系列熔断器。对于较大容量的电动机和照明干线，则应着重考虑短路保护和分断能力。通常选用具有较高分断能力的RM10和RL1系列的熔断器。当短路电流很大时，宜采用具有限流作用的RT0和RT12系列的熔断器。

熔体的额定电流可按以下方法选择：

1）保护无启动过程的平稳负载如照明线路、电阻、电炉等时，熔体额定电流略大于或等于负荷电路中的额定电流。

2）保护单台长期工作的电动机熔体电流可按最大启动电流选取，也可按下式选取：$I_{RN} \geqslant (1.5 \sim 2.5) I_N$。

式中 I_{RN}——熔体额定电流；I_N——电动机额定电流。如果电动机频繁启动，式中系数可适当加大至 3～3.5，具体应根据实际情况而定。

3）保护多台长期工作的电动机（供电干线）：$I_{RN} \geqslant$（1.5～2.5）$I_{Nmax} + \sum I_N$。I_{Nmax}——容量最大单台电动机的额定电流。$\sum I_N$——其余电动机额定电流之和。

7. 主令电器

主令电器是在自动控制系统中发出指令或信号的操纵电器，如图 1—24 所示。由于专门发号施令，故称为"主令电器"，主要用来切换控制电路，使电路接通或分断，实现对电力拖动系统的各种控制，以满足生产机械的要求。

a)　　　　　　　　　　　b)

图 1—24　主令电器
a）按钮　b）微动开关

主令电器包括按钮、行程开关、万能转换开关、微动开关和接近开关等，主要用于闭合、断开控制电路，以发布命令或信号，达到对电力传动系统的控制作用。

（1）控制按钮

控制按钮是一种结构简单应用广泛的主令电器，用以远距离操纵接触器、继电器等电磁装置或用于信号电路和电气联锁电路中。控制按钮的结构形式按保护形式不同，分为带指示灯式（D）、开启式（K）、保护式（H）、钥匙式（Y）、防水式（S）、旋钮式（X）、防腐式（F）、紧急式（J）等。按钮的颜色有红、绿、黑、黄、白、蓝等。

按钮的触点，只允许通过很小的电流，一般不超过 5 A，按钮一般由按钮帽、复位弹簧、触头和外壳等部件组成。在机床控制电路中，常用的按钮有 LA2、LA10、LA18 和 LA19 等系列。按钮中触头的形式和数量根据需要可配成一常开一常闭到六常开六常闭等形式。按下按钮时，桥式动触点先和上面的常闭触点分离，然后和下面的常开触点闭合；手松开后，靠复位弹簧返回原位。在复位时，常开触点先断开，常闭触点后闭合。

（2）行程开关

行程开关又称限位开关或终端开关，它的作用与按钮开关相同，只是触点的动作不是靠手按，而是利用生产机械某些运动部件的碰撞使其触点动作，接通或断开某些电路，以达到一定的控制要求。

行程开关由操作头、触头系统和外壳三部分组成，操作头是开关的检测部分，用以接受生产机械发出的动作信号，并将此信号传递到触头系统。触头系统是行程开关的执行部分，它将操作传来的机械信号通过机械可动部分的动作，变换为电信号，输出到有关控制电路，实现其相应的电气控制。

（3）万能转换开关

万能转换开关是由多组相同结构的开关元件叠装而成，可以控制多回路的主令电器。它可以作为电压表、电流表的换相测量开关，也可用于机床控制电路及开关板电路中进行线路的换接，或在操作不频繁的情况下，也可用于控制小容量电动机的启动、制动、正反向转换及双速电动机的调速控制。由于开关的触点挡数多、换接线路多、用途广泛，故称为万能转换开关。

常用的万能转换开关有 LW5 和 LW6 系列。LW5 系列万能转换开关大量采用热塑性材料，它的触头挡数共有 1～16、18、21、24、27、30 等多种。

万能转换开关由很多层触点底座叠合组成，每层触点底座内装有一对（或三对）触点和一个装在转轴上的凸轮。操作时手柄带动转轴和凸轮一起转，凸轮就可接通或断开触点。由于每层凸轮的形状不同，当手柄转到不同操作位置时，通过棘轮的作用，就可使各对触点按需要的规律接通和分断，从而达到转换电路的目的。

（4）微动开关

微动开关是一种行程很小的、瞬时动作的主令电器。微动开关在很小的力的作用下，经过一定的行程后，能使触头迅速动作，实现电路的转换。因此，微动开关是一个尺寸很小而又非常灵敏的行程开关，又叫灵敏开关。

当外界机械力作用于操作钮时，操作钮便向下运动，通过拉钩将弹簧拉伸。当弹簧拉到一定长度后，动簧片迅速向下运动，动簧片右端的触头转向和下面的常开触头接触，从而实现电路的转换。如果去除外力，在弹簧恢复力的作用下，触头又瞬时地进行转换。在基本结构基础上，再加装一些滚轮或压块，则可派生出其他结构形式的微动开关，可适应不同用途。

（5）接近开关

接近开关在控制电路中可供位置检测、行程控制、计数控制及检测金属物体的存在用。目前，国内的接近开关产品主要为采用集成元件的 LJ5 系列。按作用原理区分，接近开关有高频振荡式、电容式、感应电桥式、永久磁铁式和霍尔效应式等，其中以高频振荡式为最常用。

由 LC 元件组成的振荡回路于电源供电后产生高频振荡，当检测体远离开关检测面时，振荡回路通过检波、门限、输出等回路，使开关处于某种工作状态（常开型为"断"状态，常闭型为"通"状态）。当检测体接近检测面达一定距离时，维持回路振荡的条件被破坏，振荡停止，使开关改变原有工作状态（常开型为"通"状态，常闭型为"断"状态）。检测体再次远离检测面后，开关又重新恢复原有状态。这样，接近开关就完成了一次开关动作。

第 3 节　照明及控制电路的安装与配管

 **学习单元 1　低压电器及配电柜的安装**

 学习目标

➤ 掌握根据安装对象和安装要求确定安装位置的方法
➤ 掌握低压电器及配电箱安装的相关规范
➤ 能够进行低压配电箱及电气控制柜的安装

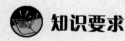 **知识要求**

一、低压电器及配电箱安装的一般要求

1. 低压电器的安装要求

（1）低压电器安装前应对器具进行检查

低压电器安装前应对器具进行检查且应符合以下要求：

1）电气设备的铭牌、型号、规格，应与被控制线路或设计要求相符。

2）设备的外壳、漆层、手柄，应无损伤或变形。

3）内部仪表、灭弧罩、瓷件及附件、胶木电器，应无裂纹或伤痕。

4）螺丝及紧固件应拧紧。

5）具有主触头的低压电器，触头的接触应紧密。采用0.05 mm×10 mm的塞尺检查，接触两侧的压力应均匀一致。

6）低压电器的附件应齐全、完好。

（2）低压电器安装的标高

低压电器安装的标高应符合设计规定。当设计无规定时，应符合表1—12的规定。

表1—12　　　　　　　　　　　低压电器安装尺寸值　　　　　　　　　　　mm

安装方式与控制点	安装尺寸
落地安装的低压电器，其底部至地面距离	50～100
操作手柄转轴中心与地面的距离	1200～1500
侧面操作的手柄与建筑物或设备的距离	≥200

（3）低压电器成排或集中安装时排列应整齐，器件间的距离应符合设计要求，并应便于操作及维护。电器的安全作业要求技术数据必须符合技术文件的规定。

（4）电器外部接线应符合的要求

1）按电器外部接线端头的相线标志进行与其电源配线匹配的接线。

2）接线应排列整齐、清晰、美观，导线应绝缘良好、无损伤。

3）电源侧进线应接在进线端，即固定触头接线端。负荷侧出线应接在出线端，即可动触头接线端。

4）一般采用铜质导线或有电镀金属防锈层的螺栓和螺钉，连接时应拧紧，并应有防松装置。

5）电源线与电器接线，不得使电器内部受到额外应力。

6）电源线（母线）与电器连接时，接触面应洁净，严禁有氧化层；接触面必须严密。

（5）低压电器固定方式及技术要求

低压电器固定方式及技术要求见表1—13。

表 1—13　　　　　　　　　低压电器固定方式及技术要求

固定方式	技术要求
在结构（构件）上固定	1）根据不同结构。采用支架、金属板、绝缘板固定在墙、柱或建筑物的构件上 2）金属板、绝缘板的安装必须平稳 3）采用卡轨支撑安装时，卡轨应与低压电器匹配，并用固定夹或固定螺栓与壁板紧密固定，严禁使用变形或不合格的卡轨
膨胀螺栓固定	1）应根据产品技术要求选择螺栓的规格 2）钻孔直径和埋设深度应与螺栓规格相符
减振装置	1）有防震要求的电器应增加减震装置 2）紧固件螺栓必须采取防松措施
固定操作	1）固定低压电器时，不得使电器内部受额外应力 2）在砖结构上安装固定件时，严禁使用射钉固定

（6）电器的金属外壳、柜架的接零或接地，应符合国家现行标准电器装置安装工程接地装置施工及验收规范的有关规定。

2. 配电箱的安装要求

配电箱应安装在安全、干燥、易操作的场所。配电箱安装时，如无设计要求，则一般暗装为底边距地 1.5 m，照明配电板底边距地不小于 1.8 m。并列安装的配电箱、盘距地高度要一致，同一场所安装的配电箱、盘允许偏差不大于 5 mm。

配电箱上的母线其相线应用颜色标出，L1 相应用黄色；L2 相应用绿色；L3 相应用红色；中性线 N 相应用蓝色；保护地线（PE 线）应用黄绿相间双色。

配电箱上的电源指示灯，其电源应接至总开关的外侧，并应装单独熔断器（电源侧）。盘面闸具位置与支路相对应，其下面应装设卡片框，标明路别及容量。配电箱内应分别设置中性线 N 和保护地线（PE 线）汇流排（采用内六角螺栓），中性线 N 和保护地线应在汇流排上连接，不得绞接，并应有编号。垂直装设的刀开关及熔断器等电器上端接电源，下端接负荷；横装者左侧（面对盘面）接电源，右侧接负荷。盘面上安装的各种刀开关及低压断路器等，当处于断路状态时，刀片可动部分均不应带电（特殊情况除外）。

配电箱上配线需排列整齐，并绑扎成束，活动部位均应固定；盘面引出和引进的导线应留适当余量，便于检修。导线削剥处不应损伤导线线芯或使线芯过长，导线压接牢固可靠；多股导线涮锡后压接，应加装压线端子。

配电箱带有器具的铁制盘面和装有器具的门及电器的金属外壳应有明显可靠的

PE 保护地线（PE 线为编织软裸铜线），但 PE 保护地线不允许利用箱体或盒体串接。当 PE 线所用材质与相线相同时选择截面不应小于表 1—14 中的规定。

表 1—14　　　　　　　　　　　PE 线最小截面　　　　　　　　　　mm²

相线线芯截面 S	PE 线最小截面 S
$S \leqslant 16$	S
$16 < S \leqslant 35$	16
$35 < S \leqslant 400$	$S/2$
$400 < S \leqslant 800$	200
$800 < S$	$S/4$

二、低压断路器、低压接触器及启动器的安装要求

1. 低压断路器的安装要求

安装低压断路器时，应符合产品技术文件，以及施工验收规范的规定，应注意低压断路器的型号、规格要符合设计要求。应符合以下要求：

（1）宜垂直安装，其倾斜度应不大于 5°。

（2）低压断路器与熔断器配合使用时，熔断器应安装在电源一侧。

（3）操作手柄或传动杆的开、合位置应正确。操作用力应不大于技术文件的规定值。

（4）电动操作机构接线应正确。在合闸过程中开关不应跳跃。开关合闸后，限制电动机或电磁铁通电时间的联锁装置应及时动作。电动机或电磁铁通电时间应不超过产品的规定值。

（5）开关辅助接点动作应正确可靠，接触良好。

（6）抽屉式断路器的工作、试验、隔离三个位置的定位应明显，并应符合产品技术文件的规定。于空载时进行抽、拉数次应无卡阻，机械联锁应可靠。

2. 低压接触器的安装要求

接触器的型号、规格应符合设计要求，并应有产品质量合格证和技术文件；安装之前，首先应全面检查接触器各部件是否处于正常状态，有无卡阻现象。铁心极面应保持洁净，以保证活动部分自由灵活的工作；引线与线圈连接牢固可靠，触头与电路连接正确。接线应牢固，并应做好绝缘处理；接触器安装应与地面垂直，倾斜度应不超过 5°。

3. 启动器的安装要求

启动器应垂直安装，工作活动部件动作应灵活可靠，无卡阻；启动衔铁吸合后

应无异常响声，触头接触紧密，断电后应能迅速脱开；可逆电磁启动器防止同时吸合的联锁装置动作正确、可靠；接线应正确且牢固、裸露线芯应做好绝缘处理。手动操作启动器的触头压力，应符合产品技术文件要求及技术标准的规定值，操作应灵活；接触器与启动器均应进行通断检查；对用于重要设备的接触器或启动器尚应检查其启动值是否符合产品技术文件的规定；变阻式启动器的变阻器安装后，应检查其电阻切换程序。触头压力、灭弧装置及启动值，应符合设计要求或产品技术文件的规定。

（1）启动器的检查、调整

1）启动器接线应正确。电动机定子绕组的正常工作应为三角形接线法。

2）手动操作的星、三角启动器，应在电动机转速接近运行转速时进行切换。自动转换的启动器应按电动机负荷要求正确调节延时装置。

（2）自耦减压启动器安装要求

1）启动器应垂直安装。

2）油浸式启动器的油面必须符合标定油面线的油位。

3）减油抽头在 $65\% \sim 80\%$ 额定电压下，应按符合要求进行调整。启动时间不得超过自耦减压启动器允许的启动时间。

4）连续启动累计或一次启动时间接近最大允许启动时间时，应待其充分冷却后方能再次启动。

三、低压隔离开关、刀开关的安装要求

1. 开关应垂直安装在开关板上（或控制屏、箱上），并应使夹座位于上方。

2. 开关在不切断电流、有灭弧装置或用于小电流电路等情况下，可水平安装。水平安装时，分闸后可动触头不得自行脱落，其灭弧装置应固定可靠。

3. 可动触头与固定触头的接触应密合良好。大电流的触头或刀片宜涂电力复合脂。有消弧触头的闸刀开关，各相的分闸动作应迅速一致。

4. 双投刀开关在分闸位置时，刀片应可靠固定，不得自行合闸。

5. 安装杠杆操作机构时，应调节杠杆长度，使操作到位、动作灵活、开关辅助接点指示应正确。

6. 开关的动触头与两侧压板距离应调整均匀，合闸后接触面应压紧，刀片与静触头中心线位置应在同一平面内，刀片不应摆动。

7. 刀开关用做隔离开关时，合闸后顺序为先合上刀开关，再合上其他用以控制负载的开关，分闸顺序则相反。刀开关应严格按照技术文件（产品说明书）规定

的分断能力来分断负荷，无灭弧罩的刀开关通常不允许分断负载，否则，有可能导致稳定持续燃弧，使刀开关寿命缩短；严重的还会造成电源短路，开关烧毁，甚至酿成火灾。

四、变阻器及电阻器的安装要求

1. 电阻器安装

（1）组装电阻器时，电阻片及电阻元件应位于垂直面上。电阻器垂直叠装不应超过四箱。当超过四箱时，应采用支架固定并应保持一定距离。电阻器底部与地面之间应保持一定的间隔，不应小于 150 mm。

（2）电阻器与其他电器设备垂直布置时，应安装在其他电器设备的上方，两者之间应留有适当的间隔。

（3）电阻器的接线要求

1）电阻器与电阻元件之间的连接，应采用铜或钢的裸导体，在电阻元件允许发热的条件下应有可靠的接触。

2）电阻器引出线的夹板或螺栓应有与设备接线图相应的标号。与绝缘导线连接时，应采取防止接头处因温度升高而降低导线绝缘强度的措施。

3）多层叠装的电阻箱和引出导线，应采用支架固定。其配线线路应排列整齐，线组标志要清晰，以便于操作和维护，且不得妨碍电路元件的调试和更换。

（4）电阻器和变阻器内部不得有断路或短路，其直流电阻值的误差应符合产品技术文件的规定。

2. 变阻器的转换调节装置要求

（1）变阻器滑动触头与固定触头的接触应良好。触头间应有足够压力。在滑动过程中不得开路。

（2）变阻器的转换装置

1）转换装置的移动应均匀平滑、无卡阻，并有与移动方向对应的指示阻值变化的标志。

2）电动传动转换装置的限位开关及信号联锁接点的动作，应准确、可靠。

3）齿链传动的转换装置，允许有半个节距的传动范围。

4）由电动传动及手动传动两部分组成的转换调节装置，应在电动及手动两种操作方式下分别进行试验。

五、控制器、继电器及行程开关的安装要求

1. 控制器的安装要求

（1）控制器的工作电压应与供电电源电压相符。

（2）凸轮控制器及主令控制器应安装在便于观察和操作的位置上；操作手柄或手轮的安装高度应为 800～1200 mm。

（3）控制器操作应灵活；挡位应明显、准确。带有零位自锁装置的操作手柄，应能正常工作。

（4）操作手柄或手轮的动作方向，宜与机械装置的动作方向一致；操作手柄或手轮在各个不同位置时，其触头的分、合顺序均应符合控制器的开、合图表的要求，通电后应按相应的凸轮控制器件的位置检查电动机，并应运行正常。

（5）控制器触头压力应均匀；触头超行程应不小于产品技术文件的规定。凸轮控制器主触头的灭弧装置应完好。

（6）控制器的转动部分及齿轮减速机构应润滑良好。

2. 继电器的安装要求

（1）继电器的型号、规格应符合设计要求。

（2）继电器可动部分的动作应灵活、可靠。

（3）继电器表面污垢和铁心表面防腐剂应清除干净。

（4）安装时必须试验端子确保接线相位的准确性。固定螺栓加套绝缘管，安装继电器应保持垂直，固定螺栓应垫橡胶垫圈和防松垫圈紧固。

3. 行程开关的安装要求

（1）安装位置应能使开关正确动作，且不妨碍机械部件的运动。

（2）碰块或撞杆应安装在开关滚轮或推杆的动作轴线上。对电子式行程开关应按产品技术文件要求调整可动设备的间距。

（3）碰块或撞杆对开关的作用力及开关的动作行程，均应不大于允许值。

（4）限位用的行程开关，应与机械装置配合调整；确认动作可靠后，方可接入电路使用。

六、熔断器的安装要求

1. 熔断器的型号、规格应符合设计要求。

各级熔体应与保护特性相配合。用于保护照明和动力电路：熔体的额定电流≥所有电器额定电流之和。用于单台电动机保护：熔体的额定电流≥（2.5～3.0）×

电动机的额定电流。用于多台电动机保护：熔体额定电流≥（2.5～3.0）×最大容量一台额定电流＋其余各台的额定电流之和。

2. 低压熔断器安装，应符合施工质量验收规范的规定。安装的位置及相互间距应便于更换熔体。低压熔断器宜垂直安装。

3. 低压断路器与熔断器配合使用时，熔断器应安装在电源一侧。

4. 熔断器的安装位置及相互间距离，应便于更换熔体。

5. 安装有熔断指示器的熔断器，其指示器应装在便于观察的一侧。

6. 安装瓷插式熔断器在金属底板上时，其底座应设置软绝缘衬垫。将熔体装在瓷插件上，是最常用的一种熔断器。由于其灭弧能力差，极限分断能力低，只适用于负载不大的照明线中。

7. 安装几种规格的熔断器在同一配电板上时，应在底座旁标明熔断器的规格。

8. 对有触及带电部分危险的熔断器，应配齐绝缘抓手。

9. 安装带有接线标志的熔断器，电源配线应按标志进行接线。

10. 螺旋式熔断器安装时，其底座固定必须牢固，电源线的进线应接在熔芯引出的端子上，出线应接在螺纹壳上，以防调换熔体时发生触电事故。

11. 瓷插式熔断器应垂直安装，熔体不允许用多根较小熔体代替一根较大的熔体，否则会影响熔体的熔断时间，造成事故。瓷质熔断器安装在金属板上时应垫软绝缘垫。

七、住宅低压电器、漏电保护器及消防电气设备的安装要求

1. 住宅电器的安装要求

（1）应根据用电设备位置，确定管线走向、标高及开关、插座的位置。

（2）电源线配线时，所用导线截面积应满足用电设备的最大输出功率。

（3）暗线敷设必须配管。当管线长度超过 15 m 或有两个直角弯时，应增设拉线盒。

（4）同一回路电线应穿入同一根管内，但管内总根数不应超过 8 根，电线总截面积（包括绝缘外皮）不应超过管内截面积的 40%。

（5）电源线与通信线不得穿入同一根管内。

（6）电源线及插座与电视线及插座的水平间距离不小于 500 mm。

（7）电线与暖气、热水、煤气管之间的平行距离应不小于 300 mm，交叉距离应不小于 100 mm。

（8）穿入配管导线的接头应设在接线盒内，接头搭接应牢固，绝缘带包缠应均

匀紧密。

（9）安装电源插座时，面向插座的左侧应接零线（N），右侧应接相线（L），中间上方应接保护地线（PE）。

（10）当吊灯自重在 3 kg 及以上时，应先在顶板上安装后置埋件，然后将灯具固定在后置埋件上。严禁安装在木楔、木砖上。

（11）连接开关、螺口灯具导线时，相线应先接开关，开关引出的相线应接在灯中心的端子上，零线应接在螺纹的端子上。

（12）导线间和导线对地间电阻必须大于 0.5 MΩ。

（13）同一室内的电源、电话、电视等插座面板应在同一水平标高上，高差应小于 5 mm。

（14）厨房、卫生间应安装防溅插座，开关宜安装在门外开启侧的墙体上。

（15）电源插座底边距地宜为 300 mm，平开关板底边距地宜为 1400 mm。

2. 漏电保护器的安装要求

（1）按漏电保护器产品标志进行电源侧和负荷侧接线。

（2）带有短路保护功能的漏电保护器安装时，应确保有足够的灭弧距离。

（3）在特殊环境中使用的漏电保护器，应采取防腐、防潮或防热等措施。

（4）电流型漏电保护器安装后，除应检查接线无误外，还应通过试验按钮检查其动作性能，并应满足要求。

3. 消防电气设备的安装要求

火灾探测器、手动火灾报警按钮、火灾报警控制器、消防控制设备等的安装，应按现行国家标准《火灾自动报警系统施工及验收规范》执行。

 技能要求 1

低压配电箱的安装

一、操作要求

1. 根据标准低压配电箱规格完成箱内低压断路器的安装，要求位置准确，安装牢固。

2. 将标准低压配电箱牢固安装在木板上，要求箱体水平。

二、操作准备

1. 箱体验收合格。

2. 有经审核的施工图样。

3. 所需要的断路器、导线、配线扎带等已经准备完毕，并符合设计图样、配电箱安装要求。

准备内容见表1—15。

表1—15　　　　　　　　　　　　　准备内容

名称	数量	图示
低压配电箱	1个	
断路器	12个	
导线	一批	
辅件（紧固件、导轨等）	若干	
电工工具	一套	

三、操作步骤

1. 导轨的安装

划线定位，导轨安装要水平，用螺栓固定导轨，并与盖板断路器操作孔相匹配。并确保导轨的水平度（注：部分配电箱已安装导轨，可省略本步骤。）接地排直接安装在底板上。N排经绝缘子后安装在底板上。

2. 断路器安装

（1）断路器安装时首先要注意箱盖上断路器安装孔位置，保证断路器位置在箱盖预留位置。其次开关安装时要从左向右排列，开关预留位应为一个整位。

（2）预留位一般放在配电箱右侧。

3. 配线

（1）零线颜色要采用蓝色，A相线为黄、B相线为绿、C相线为红。

（2）照明及插座回路一般采用 2.5 mm² 导线，每根导线所串联断路器数量不得大于3个。空调回路一般采用 2.5 mm² 或 4.0 mm² 导线，一根导线配一个断路器。

（3）不同相之间零线不得共用，如由A相配出的第一根黄色导线连接了两个16 A的照明断路器，那么A相所配断路器零线也只能配这两个断路器，配完后直接接到零线接线端子上。

　　（4）箱体内总断路器与各分断路器之间配线一般走左侧，配电箱出线一般走右侧。

　　（5）箱内配线要顺直不得有绞接现象，导线较多时要用塑料扎带绑扎，扎带大小要合适，间距要均匀。

　　（6）导线弯曲应一致，且不得小于导线的自身弯曲半径，防止损坏导线绝缘皮及内部铜芯。

　　（7）门与柜体之间的连接线采用镀锌屏蔽带连接。屏蔽带端头的处理要使用O形铜接头进行压接，不得将屏蔽带直接固定。固定时要使用倒齿垫片以防止松动和接触不良。

　　配电箱接线配线完成图和合格的接地线如图1—25和图1—26所示。

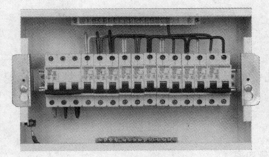 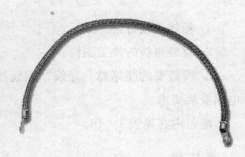

图1—25　配电箱接线配线完成图　　　　　图1—26　合格的接地线

4. 导线绑扎

　　（1）导线要用塑料扎带绑扎，扎带大小要合适，间距要均匀，一般为100 mm。

　　（2）扎带扎好后，不用的部分要用钳子剪掉，如图1—27所示。

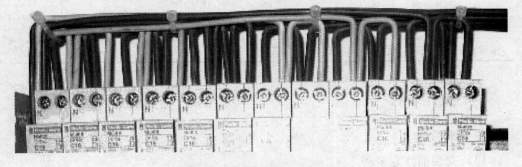

图1—27　导线绑扎完成图

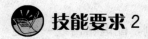

技能要求 2

电气控制柜的安装

一、操作要求

1. 根据配电箱规格完成箱内低压断路器的安装，要求位置准确，间距符合规范，安装牢固。

2. 导线型号、颜色符合规范，接线应排列整齐、清晰、美观，导线绝缘良好、无损伤。

二、操作准备

1. 箱体验收合格。

2. 有经审核的施工图样。

3. 所需要的断路器、导线、配线扎带等已经准备完毕，并符合设计图样、配电箱安装要求。

准备内容见表 1—16。

表 1—16 　　　　　　　　　　　　准备内容

名称	数量	图示
标准低压电气箱	一个	
低压电器	一批	——
旋具、扳手	一套	——
安装辅件（紧固件、导轨等）	若干	——

三、操作步骤

1. 器件安装

（1）安装前注意事项

1）安装前首先看明图样及技术要求。

2）检查产品型号、元器件型号、规格、数量等与图样是否相符。

3）检查元器件有无损坏。

4）必须按图安装（如果有图）。

5）元器件安装顺序应从板前开始，由左至右，由上至下。

（2）安装元器件的原则及规定

1）操作方便。元器件在操作时，在空间上不受妨碍，没有触及带电体的可能。

2）维修容易。能够较方便地更换元器件及维修连线。

3）各种电气元件和装置的电气间隙、爬电距离应符合规定。

4）保证一、二次线的安装距离。对于发热元件（如管形电阻、散热片等）的安装应考虑其散热情况，安装距离应符合元件规定。

5）所有电器元件及附件，均应固定安装在支架或底板上，不得悬吊在电器及连线上。

6）接线面每个元件的附近有标牌，标注应与图样相符。除元件本身附有供填写的标志牌外（见图1—28），标志牌不得固定在元件本体上。

图1—28 元件本身附有供填写的标示牌

7）标号应完整、清晰、牢固。标号粘贴位置应明确、醒目。

8）双重标识。安装于面板、门板上的元件、其标号应粘贴于面板及门板背面元件下方，如下方无位置时可贴于左方，但粘贴位置尽可能一致，如图1—29所示。

9）保护接地连续性利用有效接线来保证。

10）柜内任意两个金属部件通过螺钉连接时如有绝缘层均应采用相应规格的接地垫圈（见图1—30），并注意将垫圈齿面接触零部件表面，或者破坏绝缘层。

图1—29　安装于面板的元件的
标示牌粘贴示例

图1—30　接地垫圈

11）安装因振动易损坏的元件时，应在元件和安装板之间加装橡胶垫减震。

12）对于有操作手柄的元件应将其调整到位，不得有卡阻现象。

（3）划线定位，用螺栓固定导轨，并确保导轨的水平度。

（4）按图样规定将元器件安装到导轨上。

2. 导线连接

（1）按图施工、连线正确。

（2）除了简单配电箱能用颜色区分电压及相位外，其他应该用号码管加以区分。

（3）导线的连接（包括螺栓连接、插接、焊接等）均应牢固可靠，线束应横平竖直，配置坚牢，层次分明，整齐美观。同一合同的相同元件走线方式应一致。

（4）导线截面积要求

1）单股导线：不小于1.5 mm^2。

2）多股导线：不小于1.0 mm^2。

3）弱电回路：不小于0.5 mm^2。

4）电流回路：不小于2.5 mm^2。

5）保护接地线：不小于2.5 mm^2。

（5）所有连接导线中间不能有接头。

（6）每个电气元件的接点最多允许接2根线。

（7）每个端子的接线点一般不宜接二根导线，特殊情况时如果必须接两根导线，则连接必须可靠。

（8）导线应远离飞弧元件，并不得妨碍电器的操作。

（9）电流表与分流器的连线之间不得经过端子，其线长不得超过3 m。

（10）屏蔽线用接线端子把导线与屏蔽层压在一起，压过的线回折在绝缘导线外层上，如图1—31、图1—32所示。

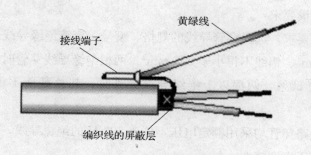

图1—31 屏蔽层与导线的连接

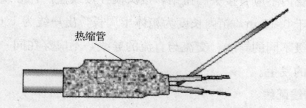

图1—32 用热缩管固定导线连接的部分

学习单元2 电线敷设

学习目标

➤ 熟悉电线管施工规范

➤ 熟悉拖链的基本知识

➤ 能够进行PVC线管（镀锌钢管）敷设穿线、电线穿拖链和金属线槽墙上安装

知识要求

一、电线管施工规范

1. 穿管配线

将绝缘导线穿在管子内的配线方式叫做穿管配线，先按设计要求选择金属管或

塑料管（明配或暗配）把管子配好，待建筑物抹灰、地面工程及设备完工后，再进行管内穿线。

管内线路敷设要求：

（1）按设计要求，选择穿管导线的规格、型号。穿管绝缘导线最小截面，铜线不得小于 1.0 mm²、铝线不得小于 2.5 mm²。两根绝缘导线穿管时，其总截面不得大于管内截面的 60%，两根以上绝缘导线穿管时，其总截面不得大于管内截面的 40%。

（2）低压线路穿管均采用额定电压不低于 500 V 的绝缘导线，应尽量使用不同颜色的导线，便于识别接线。

（3）导线在管内不应有接头和扭结，接头设在接线盒内，导线穿好后，出接线盒线的长度不小于 0.15 m，箱内长度为箱体半周长，出户线为 1.6 m。

（4）电压等级不同的导线、交流与直流的导线，不应穿在同一根管子里。防止短路及干扰故障的发生。

2. 塑料护套线配线

塑料护套线具有双层保护层，线芯绝缘为内层，外层为统包塑料绝缘护套，具有防潮、耐酸和耐腐蚀、线路造价低及安装方便等优点。选取塑料护套线时，其截面不宜大于 6 mm²，最小线芯截面，铜线不应小于 1.0 mm²，铝线不应小于 2.5 mm²。

（1）明配塑料护套线

在已预埋（如没预埋应打孔后埋设木钉或塑料胀管）好的木砖、木钉的建筑物表面上，用钉子直接将铝线卡钉牢，然后把护套线拉直敷在线卡上收紧卡牢。如使用塑料线卡，则应先把卡子卡在线上，再用钉子钉牢。

（2）暗配塑料护套线

塑料护套线穿过空心楼板孔暗配敷设，可使建筑物更美观，在穿入导线时，楼板孔径要足够大，不要损伤护套层。

3. 线槽配线

线槽配线就是将导线放在线槽的槽盒内，外加盖板。线槽有金属和塑料两种，可分为明配和暗配两种敷设方式。

二、拖链的基本知识

1. 拖链的用途和特点

拖链适合在往复运动的场合使用，能够对内置的电缆、油管、气管、水管等起到牵引和保护作用。

　　拖链已广泛应用于数控机床、电子设备、注塑机、机械手、起重运输设备等各种专用机械中。

　　常用的拖链如图 1—33 所示。

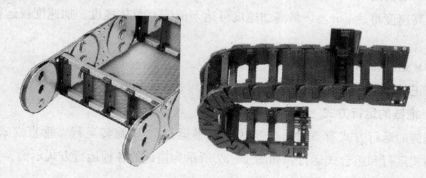

图 1—33　常用拖链

2. 拖链的结构

　　(1) 工程塑料电缆拖链由众多单元链节组成，链节之间可转动自如。

　　(2) 相同系列的拖链内高、外高、节距，拖链内宽、弯曲半径可有不同的选择。

　　(3) 由于厂家不同及规格不同，有些拖链的单元链节不能打开（见图 1—34）；有些拖链的单元链节能

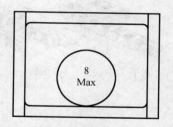

图 1—34　不能打开的拖链

单面打开（见图 1—35）；有些拖链的单元链节上下两面均能打开，它由左右链板和上下盖板组成；拖链每节都能打开，装拆方便；不必穿线，打开盖板后即可把电缆、油管、气管等放入拖链内，有些规格的拖链可提供分隔片（见图 1—36），将链内空间按需要分隔开。

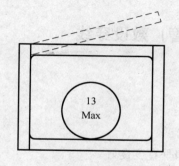

图 1—35　能单面打开的拖链

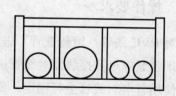

图 1—36　带分隔片的拖链

3. 拖链的基本参数

（1）材料

材料主要是增强尼龙或钢。

（2）运行速度和加速度

最高速度可达 5 m/s，最高加速度可达 5 m/s^2（具体速度、加速度视运行情况而定）。

（3）运行寿命

在正常架空使用情况下，往复运动次数可达 500 万次。

4. 拖链的运行方式

拖链的运行方式有 5 种，分别为：水平运行、90°旋转运行、垂直立式运行、垂直吊式运行和组合式运行，如图 1—37 所示为拖链的各种运行方式示例。

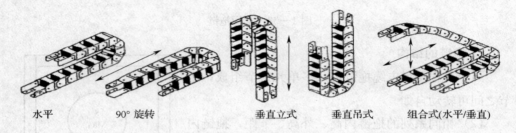

水平　　　90°旋转　　　垂直立式　　垂直吊式　　组合式(水平/垂直)

图 1—37　拖链运行方式

5. 电缆拖链的注意点

（1）将拖链接头按需要以正确的方向连接在拖链上，并将其固定在所需位置上。

（2）在长距离滑动使用时，建议使用导向槽。

（3）在长距离滑动使用时，运动端三节拖链需反装。

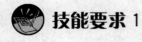

技能要求 1

PVC 线管（镀锌钢管）敷设穿线

一、操作要求

1. 对 PVC 线管（镀锌铁管）进行弯曲。

2. 用锁紧螺母及接线盒对线管进行连接。

3. 使用管卡对线管进行固定，要求水平和垂直度良好。

4. 使用钢丝做引线，进行线缆的穿管。

二、操作准备

准备内容见表 1—17。

表 1—17　　　　　　　　　　准备内容

序号	名称	规格型号	数量	备注
1	电线铁管	$\phi25$ mm	2 m	
2	硬塑料电线管	$\phi25$ mm	2 m	
3	钢接线盒	8080	1个	
4	PVC 接线盒		1个	
5	专用训练基板	1000 mm×1000 mm	1块	
6	灯具、开关、插座		1套	
7	导线		若干	
8	安装辅件（紧固件、导轨、钢丝等）		若干	
9	工具		1套	见注

注：在实际工作中用到的工具包括：

（1）煨管器、开孔器，套螺纹机（扳手）等。

（2）弯管弹簧、剪管器、热风枪等。

（3）电锤、手电钻、电烙铁等。

（4）锤子、钢锯、锉、活扳手、钢丝钳、尖嘴钳、剥线钳、压接钳等。

（5）卷尺、水平尺、线坠、铅笔、油漆、塑料透明管、放线架等。

（6）验电笔、一字旋具、十字旋具、电工刀、万用表、兆欧表、接地摇表。

上述准备的材料必须满足如下要求：

1. 镀锌钢管（或电线管）壁厚符合设计要求且均匀，焊缝均匀规则，无劈裂、砂眼、棱眼、棱刺和凹扁现象。除镀锌钢管外其他管材的内外壁需预先做除锈刷防腐处理（埋入混凝土内可不刷防腐漆，但应除锈）。镀锌钢管或刷过防腐漆的钢管外表层完整，无剥落现象，有产品合格证和材质化验报告。

2. 管箍使用通螺纹的，螺纹应清晰无乱扣现象，镀锌层完整，无剥落，无劈裂，两端光滑无毛刺，有产品合格证。

3. 锁紧螺母外形完好无损伤，螺纹清晰。

4. 护口有薄、厚壁管之区别，护口要完整无损。

5. 铁制灯头盒、开关盒、接线盒等，板材厚度应不小于 1.2 mm，镀锌层无剥落，无变形开焊，敲落孔洞完整无缺，面板安装孔与地线连接孔齐全，有产品合格证。

6. 面板、盖板的规格、尺寸、安装孔距与所用盒相配套，外形完整无损，板面颜色均匀一致，有产品合格证。

7. 使用的各种型钢应符合国家标准，镀锌层完整无损，有产品合格证。

8. 螺钉、螺栓、膨胀螺栓、螺母、垫圈等应采用镀锌件。

9. 凡所使用的阻燃型（PVC）塑料管，其材质均应具有阻燃、耐冲击性能并符合防火规范要求，有产品合格证及材质化验报告。

10. 阻燃型塑料管应有间距不大于1 m的连续阻燃标记和制造厂厂标，管子内、外壁光滑，无凸棱、凹陷、针孔、气泡，内外径的尺寸应符合设计要求及国家统一标准，管壁厚度应均匀一致。

11. 阻燃型塑料管的配件如各种灯头盒、开关盒、插座盒、管箍、端接头等，必须使用配套的阻燃型塑料制品。

12. 阻燃型塑料灯头盒、开关盒、接线盒，其外观应整齐，预留孔齐全，无劈裂等损坏现象。绝缘导线规格、型号必须符合设计要求，有出厂合格证。

三、操作步骤

1. 划线定位

根据线路电路图，结合实际情况定出线路走向及敷设管子数量，将灯具、开关、插座和配电箱定出坐标及高度。

一般宜采取从线路末端开始向线路端头方向施工的方法。具体操作，即先从最末端的灯头或插座开始布线，使沿线各导线向配电箱、配电盘处汇集。这样做法的好处在于能方便清理归接各用电器具的回路，避免归接入配电箱（盘）时产生混乱和遗漏，同时，也能方便在穿线或入配电箱时预留出适当长度的导线，减少电线的损耗率。

2. 裁管

一条线管固定尺寸为4 m或6 m，裁管时要"先长后短"，即先裁长尺寸的线管，后裁短尺寸的线管，这样能减少线管的损耗率。裁管时，割管器的进刀量每次不可太深，以进刀后旋转刀片不太吃力为准。刀片沿线管外径旋转1～2圈后进一次刀，并需在割管前在切口处滴上机油润滑，以延长刀片的寿命。裁管方式如图1—38所示。

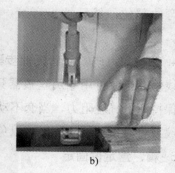

a)　　　　　　　　　　　　　　　　　b)

图 1—38　裁管方式

a）锯割　b）割管器

3. 弯管

裁好尺寸的线管应先将需弯曲的线管弯好后方可进行套丝工作，否则会在弯管时将已套好丝的螺纹碰坏。弯管前还需将要弯两个弯以上的线管穿上铁丝，然后再弯。

（1）钢管煨弯

钢管煨弯可采用冷煨法或热煨法。

1）冷煨法。钢制管径在 20 mm 及以下的可用手扳弯管器，先将管插入煨管器，逐步煨出所需要的弯度。管径在 25 mm 及以上时，用液压煨管器，先将管放入模具内，然后扳动煨管器，煨出所需弯度。

2）热煨法。用预先炒干的砂子灌入管内，堵塞一端，用锤子敲打填实，再将另一端管口堵好，放在火上转动加热，烧红后煨成所需要的弯度，边煨弯边冷却。要求管路弯曲处不得有褶皱、凹陷和裂缝等现象。弯扁度不大于管外径的 1/10；暗配管时，弯曲半径不小于管外径的 6 倍；埋入地下或砼楼板内时，弯曲半径不小于管外径的 10 倍。

（2）PVC 线管的弯曲

PVC 线管的弯曲可采用冷煨法或热煨法。

1）冷煨法。适用于管径 25 mm 以下的 PVC 管，将弯簧插入（PVC）管内煨弯处，两手抓住弯簧在管内位置的两端，膝盖顶住被弯处，用力逐步煨出所需的角度，然后抽出弯簧，当弯曲较长管时，可将弯簧用铁丝或尼龙线拴牢一端待煨弯完后抽出。

2）热煨法。将弯管弹簧插入待煨弯处，用热风枪等加热装置进行均匀加热，烘烤管子煨弯处，待管子被加热到可随意弯曲时，立即将管子放在木板上，固定管子一端，逐步煨出所需角度（注意：弯曲半径不得超出规范要求），并用湿布冷却，定型弯曲部位，然后抽出弯簧，但不得因煨弯使管子出现烤伤、变色、破裂等现象。

4. 套螺纹（PVC线管无此步骤）

线管套螺纹可用专用丝板器具或套螺纹机。套螺纹时要不断将机油滴在丝刀上，保持润滑减轻阻力，当套不动时，可退一下刀让铁屑碎排出便可顺利进行。套完螺纹要将管口用圆锉锉平，以免在穿电线时将电线刮伤。

5. 箱、盒定位固定

箱、盒安装应牢固、平整，开孔整齐与管径相吻合，要求一孔一管，不得开长孔。铁制箱、盒严禁用气焊开孔。

6. 管路敷设与连接

（1）钢管的敷设和连接

管路在2 m以上时，偏差值应控制在3 mm以内，全长不得超过管子内径的1/2。同时检查管路是否畅通，内侧有无毛刺，镀锌层或防锈漆是否完好无损，管子不顺直应调直。

敷设时，先将管卡一端的螺栓拧进一半，然后将管敷设在管卡内，逐个拧牢，使用铁支架时，可将钢管固定在支架上，不允许将钢管焊在支架上。

（2）PVC线管敷设

PVC管敷设时，管路较长超过下列情况时，应加接线盒：① 无弯时30 m；② 有一个90°弯时20 m；③ 有两个弯时15 m；④ 有三个弯时8 m。

管进盒、箱连接。可采用粘接或端头连接。管进入盒、箱应与盒、箱里口齐平，一管一孔，不允许开长孔。扫管，穿带线时将管口与盒、箱里口切平。管敷设完后应每隔间距不超过1 m绑扎固定一次。在弯曲部位及盒、箱边缘应在两端300～500 mm处加一固定点。

7. 管内穿线的步骤

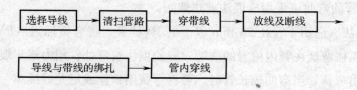

（1）选择导线。应根据设计图样要求选择导线规格、型号。相线、零线及保护接地线的颜色加以区分，用黄绿双色导线为接地保护线，淡蓝色导线做零线。

（2）清扫管路。清扫管路的目的是清除管路中的灰尘、泥水及杂物等。清扫管路的方法：将布条的两端牢固绑扎在带线上，从管的一端拉向另一端，以将管内的杂物及泥水除尽为目的。

（3）穿带线。先将钢丝或铁丝的一头弯成不封闭的圆环状，圆环顺着穿线的方向穿入管道，边穿边将钢丝或铁丝顺直，如一次不能穿过，可按上述方法从另一头穿入钢丝，根据长度判断两个钢丝碰头后，转动钢丝，当两头搅在一起后，从钢丝较短的一头拉出。

（4）放线及断线

1）放线。放线前应根据施工图纸对导线规格、型号进行核对。并用对应电压等级的摇表进行通断摇测；放线时导线应置于放线架上。

2）断线。剪断导线时，导线的预留长度应按以下四种情况预留：接线盒、开关盒、插座盒及灯头盒内导线的预留长度应为 150 mm；配电箱内导线的预留长度应为配电箱体周长的 1/2；出户导线的预留长度应为 1.5 m；公用导线在分支处，可不剪断导线而直接穿过。

（5）导线与带线的绑扎

1）当导线根数较少时，如 2～3 根导线，可将导线前端的绝缘层削去，然后将线芯与带线绑扎牢固。使绑扎处形成一个平滑的锥形过渡部位。

2）当导线根数较多或导线截面较大时，可将导线前端绝缘层削去，然后将线芯斜错排列在带线上，用绑线绑扎牢固，不要将线头做得太粗、太大，应使绑扎接头处形成一个平滑的锥形接头，减少穿管时的阻力，以利穿线。

（6）管内穿线

1）钢管（电线管）在穿线前，应首先检查各管口的护口是否齐全，如有遗漏和破损，应补齐或更换。

2）当管路较长或弯头较多时，要在穿线前向管内吹入适量的滑石粉。

3）两人穿线，应配合协调，一拉一送，用力均匀。

4）穿线时应注意的问题

① 同一交流回路的导线必须穿于同一管内。

② 不同回路的导线、不同电压的导线、交流与直流的导线不得穿入同一管内。但以下情况除外：标称电压为 50 V 以下的回路；同一设备或同一设备的回路和无特殊干扰要求的控制回路；同一花灯的几个回路。同类照明的几个回路。但管内的导线总数不得多于 8 根。

③ 敷设于垂直管路中的导线，当超过下列长度时，应在管口处和接线盒中加以固定：截面积为 50 mm² 及以下导线为 30 m，截面积为 70～95 mm² 导线为 20 m，截面积为 180～240 mm² 导线为 18 m。

④ 导线在管内不得有接头和扭结，其接头应在接线盒内连接。

⑤ 管内导线的总截面积（包括外护层）不超过管子截面积的40％。

⑥ 导线穿入钢管后，在导线出口处，应装护口保护导线，在不进入箱（盒）内的垂直管口，穿入导线后，应将管口做密封处理。

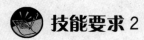 **技能要求2**

电线穿拖链

一、操作要求

1. 完成拖链的固定。

2. 完成线缆在拖链中的敷设。

二、操作准备

准备内容见表1—18。

表1—18　　　　　　　　　　　准备内容

序号	名称	规格型号	数量	备注
1	拖链		1套	
2	导线		若干	
3	安装辅件（紧固件、导轨、钢丝等）		若干	
4	工具		1套	见注

注：在实际工作中用到的工具包括：

（1）煨管器、开孔器、套丝机（扳手）等。

（2）弯管弹簧、剪管器、热风枪等。

（3）电锤、手电钻、电烙铁等。

（4）锤子、钢锯、锉、活扳手、钢丝钳、尖嘴钳、剥线钳、压接钳等。

（5）卷尺、水平尺、线坠、铅笔、油漆、塑料透明管、放线架等。

（6）验电笔、一字旋具、十字旋具、电工刀、万用表、兆欧表、接地摇表。

三、操作步骤

1. 不可打开拖链的穿线

步骤1　拖链连接

如图1—39所示，将拖链的两头对在一起，用力将销推入孔内即可。

步骤2　拖链拆分

如图1—40所示，将链节与链节之间用一字旋具往外撬，使销与孔分离，然后往外扳，使链节脱离。链头的装拆和链节一样。

图1—39　拖链连接

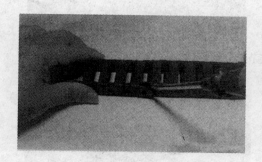

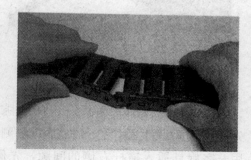

图1—40　链节拆分示意

步骤3　穿线

将线从头往后穿，如图1—41所示。

2. 可打开拖链的穿线

步骤1　拖链连接

如图1—42所示，将拖链的两头对在一起，用力将销推入孔内即可。

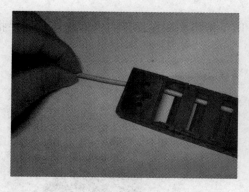

图1—41　拖链中穿线示意

图1—42　拖链连接

步骤2　拖链拆分

如图1—43所示，将链节与链节之间用一字旋具往外撬，使销与孔分离，然后往外扳，使链节脱离。链头的装拆和链节一样。

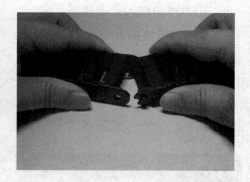

图1—43　链节拆分示意

步骤3　打开横杆

用一字旋具插入横杆左侧的间隙，先侧面用力往上撬，打开横杆的左侧；用一字旋具插入横杆右侧的间隙，先侧面用力往上撬，打开横杆的右侧，如图1—44所示。

图1—44　打开横杆示意

步骤4　放入导线

打开盖板，将电缆、油管等放入拖链，然后盖上盖板，此外，电线的固定端和活动端均应用去张力装置加以固定。

步骤5　闭合横杆

将横杆放入如图1—45所示的位置，用手指将横杆左端压入卡槽内；再用手指将横杆右端压入卡槽内。

图1—45　闭合横杆示意

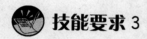

技能要求 3

金属线槽墙上安装

一、操作要求

1. 根据安装板大小完成元件和线槽位置的合理布局。
2. 将线槽、导轨固定在安装板上。

二、操作准备

准备内容见表1—19。

表 1—19　　　　　　　　　　　准备内容

序号	名称	规格型号	数量	备注
1	金属线槽	直径 25 mm	2 m	
2	配线箱		1个	
3	专用训练基板	2000×2000	1块	
4	导线		若干	
5	安装辅件（紧固件等）		若干	
6	工具		1套	见注

注：在实际工作中用到的工具包括：

（1）煨管器、开孔器、套丝机（扳手）等。

（2）弯管弹簧、剪管器、热风枪等。

（3）电锤、手电钻、电烙铁等。

（4）手锤、钢锯、锉、活扳手、钢丝钳、尖嘴钳、剥线钳、压接钳等。

（5）卷尺、水平尺、线坠、铅笔、油漆、塑料透明管、放线架等。

（6）验电笔、一字旋具、十字旋具、电工刀、万用表、兆欧表、接地摇表。

三、操作步骤

1. 弹线定位

根据设计图设计的电气器具位置，找好水平或垂直线，用粉线袋沿墙壁、顶棚或地面等处，在线路的中心线进行弹线，并按设计图样要求和施工规范规定，分匀挡距并用笔标出支吊架位置。

2. 支架及吊架安装

支架及吊架所用钢材应平直，无显著扭曲。下料后长短偏差应在 5 mm 以内，切口处应无卷边、毛刺。钢支架和吊架应焊接牢固，无显著变形，焊缝均匀平整，焊缝长度应符合要求，不得出现裂缝、咬边、气孔、凹陷、漏焊等缺陷。

支架及吊架应安装牢固，保持横平竖直，在有坡度的建筑物上安装支架与吊架应与建筑物有相同的坡度。支架与吊架的用料规格一般扁铁不小于 30 mm×3 mm；角钢不小于 25 mm×25 mm×3 mm。

万能吊具应采用定型产品，对线槽进行吊装，并应有各自独立的吊装卡具或支撑系统。

固定点间距一般不大于 1.5～2 m。在进出接线盒、箱、柜、转角、转弯和变形缝两端及丁字接头的三端 500 mm 以内应设置固定支持点。支架与吊架距离上层楼板不小于 150～200 mm 应设置固定支持点；距地在高度不低于 100～150 mm 应设置固定支持点。

固定支吊架时，应根据支架或吊架承重的负荷，选择相应的金属膨胀螺栓及钻头；打孔的深度以套管全部埋入墙内或顶板内后，表面平齐为宜。且应清除孔洞内的碎屑。

3. 线槽敷设安装

线槽应平整，无扭曲变形，内壁无毛刺，各种附件齐全。线槽的接口应平整，接缝处应紧密平直。槽盖装上后应平整，无翘角，出线口的位置正确。不允许将穿过墙壁的线槽与墙上的孔洞一起抹死。

线槽所有非导电部分的铁件均应相互连接和跨接，使之成为一连续导体，并做好整体接地。当线槽的底板对地距离低于 2.4 m 时，线槽本身和线槽盖板均必须加装保护地线。2.4 m 以上的线槽盖板可不加保护地线。

线槽直线段组装时，应先做干线，再做分支线，将吊装器与线槽用蝶形夹卡固定在一起，按此方法，将线槽逐段组装成型。线槽与线槽可采用内连接头或外连接头，配上平垫和弹簧垫，用螺母固定。线槽交叉、丁字、十字应采用二通、三通、四通进行连接，导线接头处应设置接线盒或放置在电气器具内，线槽内绝不允许有导线接头。转弯部位应采用立上弯头和立下弯头，安装角度要适宜。出线口处应利用出线口盒进行连接，末端部位要装上封堵，在盒、箱、柜处应采用抱脚连接。

线槽内保护地线安装：保护地线应根据设计图要求敷设在线槽内一侧，接地处螺钉直径不小于 6 mm；并且需要加平垫和弹簧垫圈，用螺母压接牢固；金属线槽的宽度在 100 mm 以内（含 100 mm），两段线槽用连接板连接处（即连接板做地线时），每端螺钉固定点不少于 4 个；宽度在 200 mm 以上（含 200 mm）两段线槽用连接板连接的保护地线每端螺钉固定点不少于 6 个。

第 4 节　动力、照明及控制电路的导线连接

 学习单元 1　导线连接

 学习目标

➢ 掌握接线工艺要求规范
➢ 掌握导线接头的绝缘处理及电气绝缘的测量方法
➢ 能够进行导线连接

 知识要求

一、接线工艺要求规范

接线是维修电工应熟练掌握的一项基本技能。目前对于接线的要求，国内外各行业甚至同行业各企业之间也往往有各自不同的规范，相互之间在细节上都有所差异，因此在接线时应加以注意。

本节将简要介绍接线的一般方法及要求，导线的连接等具体操作步骤将在技能要求中加以介绍。

常见的接线工作一般有两类——柜（箱）内接线及柜（箱）外接线。

1. 柜内接线

柜内接线工作一般在柜内所有元器件固定后进行，使用导线将柜、箱上的电器元件按照电气原理图连接起来。要求能满足设计控制要求，并且所接的线缆整齐美

观、方便检查。

一般首先应完成主电路的接线，然后依次接控制电路及信号电路等。

接线的第一步是放线。放线时必须根据实际需要长短来落料，活动线束应考虑最大极限位置需用长度，放线时尽量利用短、零线头，以免浪费。导线不允许有中间接头、强力拉伸导线及其绝缘被破坏的情况，导线排列应尽量减少弯曲和交叉，弯曲时其弯曲半径应不小于3倍的导线外径，并弯成弧形。导线交叉时，则应以少数导线跨越多根导线，细导线跨越粗导线为原则。导线穿越金属板孔时，必须在金属板孔上套上合适的保护物，如橡皮护圈等。

行线一般有平行排列行线、成束行线和行线槽行线三种方法。平行排列行线在行线时导线间平行排列固定；成束行线是指将多根导线扎成线束行线；行线槽行线则是采用导线在行线槽内行线，这是电控柜中最常见的方式。布线时都要求每根导线要拉直，行线做到平直整齐，式样美观。

导线颜色一般应遵循下列原则：

（1）交流三相电路的U相：黄色；V相：绿色；W相：红色；零线或中性线：淡蓝色；安全用的接地线：黄绿双色。

（2）用双芯导线或双根绞线连接的交流电路：红黑色并行。

（3）直流电路的正极：棕色；负极：蓝色；接地中线：淡蓝色。

（4）半导体电路的半导体三极管的集电极：红色；基极：黄色；发射极：蓝色。半导体二极管和整流二极管的阳极：蓝色；阴极：红色。

可控硅管的阳极：蓝色；控制极：黄色；阴极：红色。

双向可控硅管的控制极：黄色；主电极：白色。

（5）整个装置及设备的内部布线一般推荐：黑色；半导体电路：白色；可能发生混淆时：允许选指定用色外的其他颜色（如橙、紫、灰、绿蓝、玫瑰红等）。

（6）具体标色时，在一根导线上，如遇有两种或两种以上的可标色，视该电路的特定情况，以电路中需要表示的某种含义进行定色。

为了日后维护检修方便，导线都应在两端套装标号头。所有标号头应根据接线图所注明的数字，将其输入套管打印机中，打印在专用套管上，套管直径应与套装的导线粗细配合。标号头的套装要求数字排列方向统一。如是水平套装，数字从左到右，如是垂直套装，数字从上到下。标号头要求字迹清晰、正确，一般不得用手写标号头。

电气连接接线牢固、良好，配线应成排成束地垂直或水平有规律地敷设，要求整齐、美观、清晰。横平竖直，层次分明。

一般一个接线端子（含端子排和元器件接线端）只连接一根导线，必要时允许连接两根导线。

导线与电气元件间采用螺栓连接、插接、焊接或压接等，均应牢固可靠。凡是多股软线的连接头，一律用冷压接头压接。

系统数据传输的总线电缆应带有抗电磁干扰的屏蔽层，电缆屏蔽层应可靠地接到接地导体表面。总线、控制信号线应与动力电缆或母排分开，避免强弱电线缆靠近或平行走向。

接线完毕后应自检，认真对照原理图，接线图，按照接线要求对设备进行自检，若有不符之处，进行纠正，并将柜内打扫清洁。

2. 柜外接线

现场成套设备柜之间、设备与监控室之间的动力电缆、控制电缆、总线应分类按敷设规程敷设。大电流动力电缆，低压动力照明电缆，一般控制电缆，信号、总线电缆应该按类别分层敷设，不可混在一层敷设。

一般柜外敷设电缆穿管或线槽敷设时，线管及线槽宜采用电导体材料制作，并且每间隔一段距离要接地并做防腐处理，间隔距离应满足电磁兼容（EMC）要求。

柜外线缆应在电缆终端头、电缆接头处装设电缆标志牌。如为长距离布线，则应在下列部位装设电缆标志牌：

（1）电缆终端及电缆接头处。

（2）电缆两端，人孔及工作井处。

（3）电缆隧道内转弯处、电缆分支处、直线段每隔 50～100 m 处。

标志牌上应注明线路编号。当无编号时，应写明电缆型号、规格及起止地点；并联使用的电缆应有顺序号。标志牌的字迹应清晰不易脱落。标志牌规格宜统一。标志牌应能防腐，挂装应牢固。

3. 导线绝缘层的剖削

维修电工应熟练掌握导线绝缘层剖削的技巧。导线绝缘层可以使用电工刀、电工钢丝钳或剥线钳进行剖削。

（1）塑料硬线绝缘层的剖削

线芯截面为 4 mm^2 及以下的塑料硬线，其绝缘层用电工钢丝钳或剥线钳进行剖削。用电工钢丝钳剖削方法如图 1—46 所示。

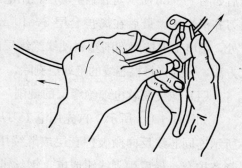

图 1—46 使用电工钢丝钳剖削绝缘层

剖削时根据线端所需长度，用钳头刀口切破绝缘层，注意不可切损线芯。然后右手握住钳头部用力向外勒去绝缘层。在勒去绝缘层时，不可在刀口处加剪切力。

　　线芯截面为 4 mm² 以上时，一般使用电工刀剖削绝缘层，方法如图 1—47 所示。首先根据所需线端的长度，用电工刀以 45°角切入绝缘层，注意深度不可伤及线芯。然后使刀面与导线保持 25°角左右向线端推削，削出一条缺口。再将绝缘层剩余部分翻下，将绝缘层与线芯剥离。最后用电工刀切掉绝缘层，并修齐剖削部分。

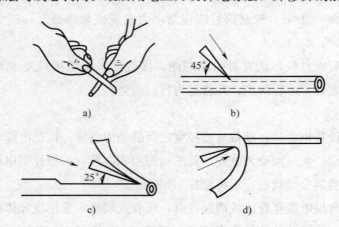

图 1—47　使用电工刀剖削绝缘层

a）使用电工刀的手法　b）切入绝缘层　c）推削绝缘层　d）切除绝缘层

　　（2）塑料软线绝缘层的剖削

　　塑料软线线芯为多股铜丝，一般使用剥线钳或电工钢丝钳剖削，用电工刀易剖伤线，使用电工钢丝钳剖削方法与塑料硬线绝缘层剖削方法相同。

　　（3）塑料护套线线头绝缘层的剖削

　　如图 1—48a 所示，首先按所需长度用电工刀刀尖对准芯线缝隙划开护套层，然后如图 1—48b 所示向后翻护套层，用电工刀齐根切去。最后在离护套层 5～10 mm 处，用电工刀按照剖削塑料硬线绝缘层的方法，分别将每根芯线的绝缘层剥除。

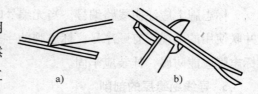

图 1—48　塑料护套线线头绝缘层的剖削

a）划开护套层　b）后翻护套并切除

　　（4）橡皮套软电缆绝缘层的剖削

　　如图 1—49a 所示，首先用电工刀从端头割破部分护套层，然后按如图 1—49b 所示连同芯线反向撕破护套层或继续用电工刀割破，再如图 1—49c 所示用电工刀割齐护套，最后用剥线钳或电工钢丝钳剥离芯线绝缘层。

　　（5）花线绝缘层的剖削

　　花线最外层棉纱织物保护层较软，可如图 1—50a 所示，用电工刀将四周切割

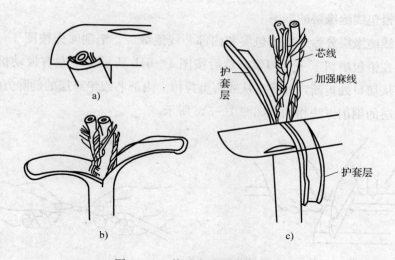

图 1—49　橡胶套软电缆的剖削

a) 割破部分护套层　b) 连同芯线反向撕破护套层　c) 剥离芯线绝缘层

一圈后用力将棉纱织物拉去。然后如图 1—50b 所示在距棉纱织物保护层末端
10 mm 处，用钢丝钳刀口切割橡胶绝缘层，注意掌握力度，不能损伤芯线。再采
用类似图 1—46 的方式用右手握住钳头，左手把花线用力抽拉，通过钳口勒出橡胶
绝缘层。花线的橡胶层剥去后就露出了里面的棉纱层，将包裹芯线的棉纱松散开，
如图 1—50c 所示用电工刀割断棉纱，即露出芯线。

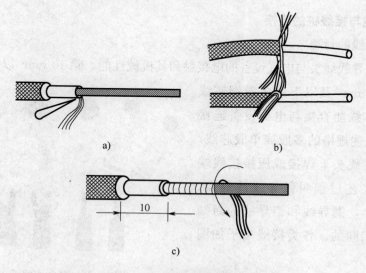

图 1—50　花线绝缘层的剖削

a) 切割后将棉纱织物拉去　b) 切割橡胶绝缘层　c) 割断棉纱，露出芯线

（6）铅包线绝缘层的剖削

铅包线绝缘层分为外部铅包层和内部芯线绝缘层，剖削时先按图1—51a所示用电工刀在铅包层切下一个刀痕，然后按图1—51b所示上下左右扳动折弯刀痕，使铅包层从切口处折断，并将它从线头上拉掉。内部芯线绝缘层的剖除方法与塑料硬线绝缘层的剖削方法相同，如图1—51c所示。

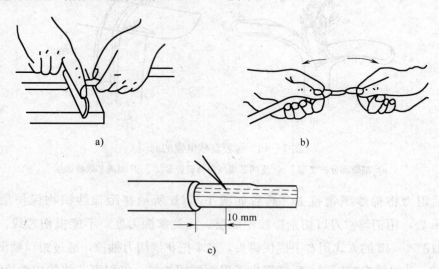

图1—51　铅包线绝缘层的剖削

a）切下一个刀痕　b）扳动折弯刀痕并折断铅包层　c）割断棉纱，露出芯线

4. 导线与接线桩的连接

（1）导线的封端

为保证导线线头与电气设备的电接触和其机械性能，除10 mm² 以下的单股铜芯线、2.5 mm² 及以下的多股铜芯线和单股铝芯线能直接与电器设备连接外，大于上述规格的多股或单股芯线，通常都应在线头上焊接或压接接线端子，这种工艺过程叫做导线的封端。但在工艺上，铜导线和铝导线的封端是不完全相同的。各类接线端子如图1—52所示。

铜导线封端方法常用锡焊法或压接法。

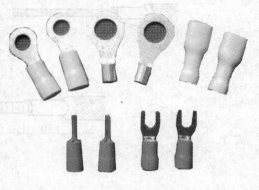

图1—52　各类接线端子

1）锡焊法。先除去线头表面和接线端子孔内表面的氧化层和污物，分别在焊接面上涂上无酸焊锡膏，线头上先搪一层锡，并将适量焊锡放入接线端子的线孔内，用喷灯对接线端子加热，待焊锡熔化时，趁热将搪锡线头插入端子孔内，继续加热，直到焊锡完全渗透到芯线缝中并灌满线头与接线端子孔内壁之间的间隙，方可停止加热。

2）压接法。采用压接法的线头连接到接线桩比较容易，操作简单，适合现场施工。施工时按接线桩的形式选用针形、U 形或 O 形等形状的接线端子，然后按导线的规格选择相同尺寸的接头端子，使用压接钳及合适的模具进行冷态压接。压接时一般只要每端压一个坑就能满足接触电阻及机械强度要求，但对于拉力强度较高的场合可采用每端压两个坑的做法，压坑深度控制在上下模接触即可。然后将接线端子在接线桩上固定即可。

由于铝导线表面极易氧化，用锡焊法比较困难，通常都用压接法封端。压接前除了清除线头表面及接线端子线孔内表面的氧化层及污物外，还应分别在两者接触面涂以中性凡士林，再将线头插入线孔，用压接钳压接。

压接的方法如图 1—53 所示。先将线头按接线端子孔径大小拧紧，并清洁表面，将线头塞入接线端子后压接，把接头处裸露部分做绝缘处理后清洁接线端子表面，再固定到接线桩上，固定时在接线端子上应按平垫圈、弹簧垫圈、螺母的顺序放置紧固件，并按适当力矩锁紧。

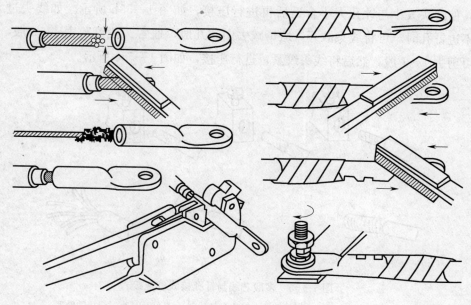

图 1—53 压接法

3）线头与针孔接线桩的直接连接。端子板、某些熔断器、电工仪表等的接线部位多是利用针孔附有压接螺钉压住线头完成连接的。线路容量小，可用一只螺钉压接；若线路容量较大，或接头要求较高时，应用两只螺钉压接。

如图1—54所示，单股芯线与接线桩连接时，最好按要求的长度将线头折成双股并排插入针孔，使压接螺钉顶紧双股芯线的中间。如果线头较粗，双股插不进针孔，也可直接用单股，但芯线在插入针孔前，应稍微朝着针孔上方弯曲，以防压紧螺钉稍松时线头脱出。

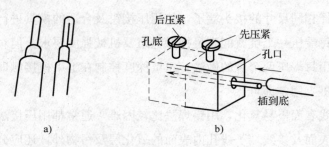

图1—54　单股导线针孔接线桩法

a）线头的处理方式　b）连接方法

在针孔接线桩上连接多股芯线时，先用钢丝钳将多股芯线绞紧，以保证压接螺钉顶压时不致松散。注意针孔和线头的大小应尽可能配合，如图1—55a所示。如果针孔过大可选一根直径大小相宜的导线做绑扎线，在已绞紧的线头上紧密缠绕一层，使线头大小与针孔大小合适后再进行压接，如图1—55b所示。如线头过大，插不进针孔时，可将线头散开，适量减去中间几股，通常7股可剪去1～2股，19股可剪去1～7股，然后将线头绞紧，进行压接，如图1—55c所示。

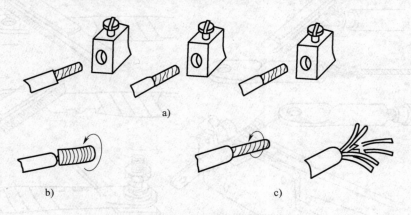

图1—55　多股芯线与针孔接线桩连接

a）针孔合适的连接　b）针孔过大时线头的处理　c）针孔过小时线头的处理

无论是单股还是多股芯线的线头，在插入针孔时，要求插到底，不得使绝缘层进入针孔，针孔外的裸线头的长度不得超过 3 mm。

4）线头与平压式接线桩的直接连接。平压式接线桩利用半圆头、圆柱头或六角头螺钉加垫圈将线头压紧，完成电连接。其重点是导线的弯环加工。在弯环前，先进行导线的剖削工作，一般的，穿 M3 螺钉剖 11 mm，穿 M4 螺钉剖 15 mm，穿 M5 螺钉剖 20 mm，穿 M6 螺钉剖 22 mm……裸导线外露 3～7 mm，线头必须顺时针弯曲成羊眼圈。螺钉连接时，弯线方向应与螺钉前进的方向一致。

对载流量小的单股芯线，先将线头弯环，再用螺钉压接。弯环的步骤如图 1—56 所示。

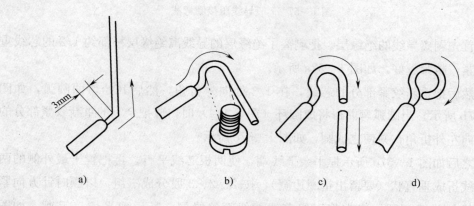

a)　　　　　　　　　　b)　　　　　　　　c)　　　　　　　　d)

图 1—56　单芯线弯环

首先，如图 1—56a 所示，去除导线的绝缘层，剥线长度为所需弯环拉直后的长度再增加 2～3 mm，然后用圆头钳把经过剥线后的导线离绝缘层根部约 3 mm 处向外弯出一定角度。

再如图 1—56b 所示，用圆头钳按顺时针方向把已弯成角状的线尾，按略大于标准直径大小弯曲成圆弧。

最后如图 1—56c 所示用斜口钳剪去芯线余端，使圆环尽可能的圆，环尾间隙留 1～2 mm，并保证圆环平面平整、不扭曲，如图 1—56d 所示。

圆环在连接过程中，环要放在两个垫片之间。如果同一螺钉要连接几个环时，必须在所有圆环之间垫入垫片，且圆环弯曲方向与螺钉的拧紧方向保持一致。

对于横截面不超过 10 mm^2、股数为 7 股及以下的多股芯线，应按如图 1—57 所示的步骤制作压接圈。对于载流量较大，横截面积超过 10 mm^2、股数多于 7 股的导线端头，应安装接线耳。连接这类线头时，压接圈或接线耳的弯曲方向应与螺钉拧紧方向一致。

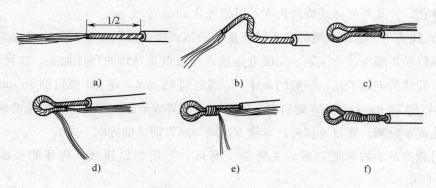

图1—57　7股导线压接圈弯法

首先剥离导线的绝缘层。把剥离了绝缘层的导线离绝缘层根部约1/2的芯线重新绞紧，越紧越好，如图1—57a所示。

然后把重新绞紧部分的芯线，在1/3处向外折角，然后开始弯曲圆弧，如图1—57b所示。当圆弧弯曲得将成圆环（剩下1/4）时，应把余下的重新绞紧部分的芯线向左外折角，并使之成圆，如图1—57c所示。

之后如图1—57d所示捏平余下线端，使两根芯线平行。再把置于最外侧的两股芯线折成垂直状（要留出垫圈边宽），按2、2、3股分成三组，以顺时针方向紧贴芯线各并缠两圈，依次将三组芯线缠绕至绝缘层，最后剪平切口毛刺，如图1—57e、图1—57f所示。

对于载流量较大的多股导线，应在弯环成型后再进行搪锡处理。

线头与平压式接线桩的连接工艺要求是：压接圈和接线耳的弯曲方向应与螺钉拧紧方向一致，连接前应清除压接圈、接线耳和垫圈上的氧化层及污物，再将压接圈或接线耳在垫圈下面，用适当的力矩将螺钉拧紧，以保证良好的电接触。压接时注意不得将导线绝缘层压入垫圈内。

软线线头的连接也可用平压式接线桩。导线线头与压接螺钉之间的弯环方法如图1—58所示，其要求与上述多芯线的压接要求相同。

5）线头与瓦形接线桩的直接连接。瓦形接线桩的垫圈为瓦形。压接时为了使线头不致从瓦形接线桩内滑出，压接前应先将去除氧化层和污物的线头弯曲成U形，如图1—59a所示，再卡入瓦形接线桩压接。如果在接线桩上有两个线头连接，应将弯成U形的两个线头相重合，再卡入接线桩瓦形垫圈下方压紧。如图1—59b所示。

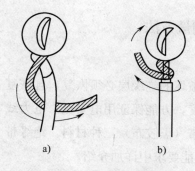

图 1—58　软导线线头连接

　　a）围绕螺钉后再自缠

　　b）自缠一圈后端子压入螺钉

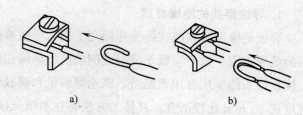

图 1—59　单股芯线与瓦形接线桩的连接

　　a）一个线头的连接　b）两个线头的连接

（2）导线间的相互连接

　　导线之间的相互连接有多种方法，简单的可采用压线帽或压接管（见图1—60），使用压接钳进行冷压，加工方法与导线头压接接线端子类似，只是压接坑数与导线规格及压接管的规格有关。导线间直接连接的加工工艺将在本单元技能要求中详加介绍。压接方式如图1—61所示。

图 1—60　压线帽及压接管

　　a）采用压线帽进行导线的连接

　　b）采用压接管进行导线的连接

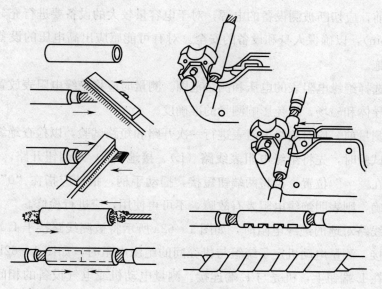

图 1—61　压接管的压接方法

二、导线接头的绝缘处理及电气绝缘的测量方法

1. 导线接头的绝缘处理

导线绝缘层破损或在线头连接完工后，导线被破坏的绝缘层必须恢复，且恢复后的绝缘强度一般不应低于破损或剖削前的绝缘强度，方能保证用电安全。电力线上恢复线头绝缘层常用黄蜡带、涤纶薄膜带和黑胶带（黑胶布）三种材料。绝缘带宽度选 20 mm 比较适宜。具体的方法将在本单元技能要求中详加介绍。

绝缘处理时应注意在 380 V 的线路上恢复绝缘层时，要先包缠 1～2 层黄蜡带，再包缠一层黑胶带。在 220 V 线路上恢复绝缘层时，可先包一层黄蜡带，再包一层黑胶带。或不包黄蜡带，只包两层黑胶带。在包缠时要拉紧黄蜡带和黑胶带，不能过疏，不能露出线芯，以防发生短路及人身伤害事故。

2. 绝缘测量

电气设备由于受热、老化、维修、受潮等原因，绝缘性能会下降，需要检测其绝缘强度，只有绝缘强度符合要求才能继续使用。测量绝缘强度的仪表是绝缘电阻表，由于其标度单位是兆欧（MΩ），因此也常称为兆欧表。需要注意的是万用表虽然也能测得数千欧的绝缘阻值，但是由于万用表所使用的电池电压较低，绝缘物质在电压较低时不易击穿，而一般被测量的电气设备，均要接在较高的工作电压上，因此只能采用兆欧表来测量，万用表所测得的绝缘阻值只能作为参考。

测量前，应切断被测设备的电源，对于电容量较大的设备要进行充分放电（约需 2～3 min），以确保人身和设备的安全。对有可能感应出高电压的设备，应采取必要的措施。

正确选择绝缘电阻表的电压和测量范围。测量时应将绝缘电阻表放置平稳，并远离带电导体和磁场，以免影响测量的准确度。

正式测量前，应对绝缘电阻表进行一次开路和短路试验，以检查绝缘电阻表是否良好。试验时，先将绝缘电阻表线路（L）、接地（E）两端钮开路，摇动手柄，指针应指在"∞"位置，再将两端钮短接，摇动手柄，指针应指在"0"处。如果指示不正确，则表明绝缘电阻表有故障，不可再使用，应进行检修。

测量线路对地的绝缘电阻时，如图 1—62a 所示将被测线路接于 L 端上，E 端与地线相接。测量电动机定子绕组与机壳间的绝缘电阻时，如图 1—62b 所示将定子绕组接在 L 端钮上，机壳与 E 端连接。测量电动机或电气设备的相间绝缘电阻时，如图 1—62c 所示 L 端和 E 端分别与两部分接线端子相接。测量电缆芯线对电

缆绝缘保护层的绝缘电阻时，如图 1—62d 所示将 L 端与电缆芯线连接，E 端与电缆绝缘保护层外表面连接，将电缆内层绝缘层表面通过保护环接于屏蔽端 G 上。

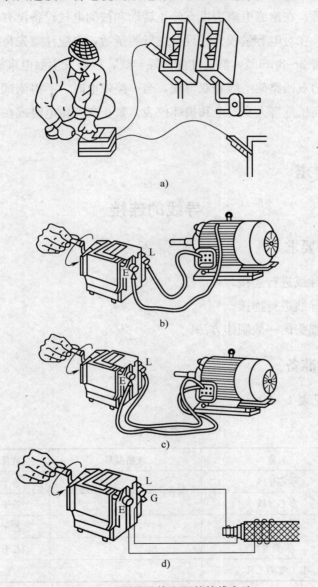

图 1—62　测量绝缘电阻的接线方法

a）测量线路对地绝缘电阻值　b）测量电动机绕组与机壳间的绝缘电阻值

c）测量电动机相间绝缘电阻值　d）测量电缆绝缘电阻值

测量时，摇动手柄的速度由慢逐渐加快，并保持在 120 r/min 左右的转速 1 min 左右，这时读数才是准确的结果。如果被测设备短路，指针指零，应立即停止摇动手柄，以防表内线圈发热损坏。测量电容器、较长的电缆等设备绝缘电阻时，应将线路 L 的连接线断开，以免被测设备向绝缘电阻表倒充电而损坏仪表。

测量完毕后，在绝缘电阻表没有停止转动和被测电气设备没有放电之前，不要急于拆除导线。在对电容量较大的设备进行测量后，也应注意先将被测电气设备对地短路放电（需 2～3 min），然后才能拆除导线，以防发生触电事故。

同杆架设的双回路架空线和双母线，当一路带电时，不得测试另一路的绝缘电阻，以防感应高压危害人身安全和损坏仪表。禁止在有雷电时或在高压设备附近使用绝缘电阻表。

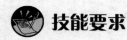 **技能要求**

导线的连接

一、操作要求

1. 对单芯导线进行连接。
2. 对多芯导线进行连接。
3. 了解电缆头的一般制作方法。

二、操作准备

准备内容见表 1—20。

表 1—20　　　　　　　　　　准备内容

序号	名称	规格型号	数量	备注
1	单芯导线		若干	
2	多芯导线		若干	
3	绝缘胶带		若干	
4	黄腊带		若干	
5	电工常用工具		1套	

三、操作步骤

1. 单芯导线的互相连接

这里以单股铜芯导线为例介绍单芯导线互相连接的方法。

（1）单股铜芯导线的直线连接

步骤 1　剥去两根导线线端的绝缘层。

步骤 2　将两导线芯线线头按图 1—63a 所示成"╳"形相交。

步骤 3　按图 1—63b 所示互相绞合 2～3 圈后扳直两线头。

步骤 4　接着按图 1—63c 所示将每个线头在另一芯线上紧贴并绕 6 圈。

步骤 5　用钢丝钳切去余下的芯线，并钳平芯线末端。

（2）单股铜芯导线的 T 字形分支连接

步骤 1　剥去干线和支线两根导线的绝缘层。

步骤 2　将支路芯线的线头与干线芯线十字相交，在支路芯线根部留出 3～5 mm。

步骤 3　顺时针方向缠绕支路芯线，缠绕 6～8 圈。如果导线截面积较大，两芯线十字交叉后直接在干线上紧密缠 5～6 圈即可，如图 1—64a 所示。较小截面积的芯线可按图 1—64b 所示方法，环绕成结状，然后将支路芯线线头抽紧扳直，向左紧密地缠绕 6～8 圈。

步骤 4　用钢丝钳切去余下的芯线，并钳平芯线末端。

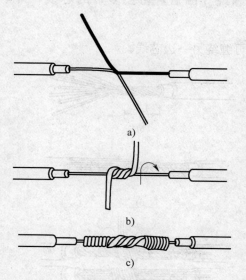

图 1—63　单股铜芯导线的直线连接

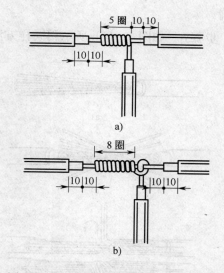

图 1—64　单股铜芯导线的 T 字分支连接

a）导线截面积较大　b）导线截面积较小

2. 多芯导线的互相连接

这里以 7 股铜芯导线为例介绍多芯导线互相连接的方法。

（1）7 股铜芯导线的直线连接

步骤 1　剥去两根导线线端的绝缘层，并如图 1—65a 所示将分支芯线散开并拉直。

步骤2 如图1—65b所示把靠近绝缘层1/3处的芯线绞紧，然后将余下的2/3芯线头分散成伞状，将每根芯线拉直。

步骤3 如图1—65c所示把两股伞骨形芯线一根隔一根地交叉直至伞形根部相接。

步骤4 如图1—65d所示捏平交叉插入的芯线。

步骤5 如图1—65e所示把左边的7股芯线按2根、2根、3根分成三组，把第一组2根芯线扳起，垂直于芯线，并按顺时针方向缠绕2圈，缠绕2圈后将余下的芯线向右扳直紧贴芯线。

步骤6 如图1—65f所示把下边第二组的2根芯线向上扳直，也按顺时针方向紧紧压着前2根扳直的芯线缠绕，缠绕2圈后，也将余下的芯线向右扳直，紧贴芯线。

步骤7 如图1—65g所示把下边第三组的3根芯线向上扳直，按顺时针方向紧紧压着前4根扳直的芯线向右缠绕。缠绕3圈后，切去多余的芯线，钳平线端。

步骤8 如图1—65h所示用同样方法再缠绕另一边芯线。

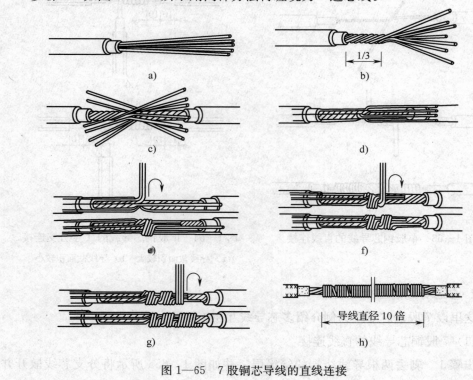

图1—65 7股铜芯导线的直线连接

（2）7 股铜芯导线的 T 字形分支连接

步骤 1　剥去干线和支线两根导线的绝缘层。

步骤 2　如图 1—66a 所示将分支芯线散开并拉直。

步骤 3　如图 1—66b 所示把紧靠绝缘层 1/8 线段的芯线绞紧，把剩余 7/8 的芯线分成两组，一组 4 根，另一组 3 根，排齐。

步骤 4　如图 1—66c 所示用螺钉旋具把干线的芯线撬开分为两组。

步骤 5　如图 1—66d 所示把支线中 4 根芯线的一组插入干线芯线中间，而把 3 根芯线的一组放在干线芯线的前面。

步骤 6　如图 1—66e 所示把 3 根芯线的一组在干线右边按顺时针方向紧紧缠绕 3～4 圈，并钳平线端，把 4 根芯线的一组在干线芯线的左边按逆时针方向缠绕 4～5 圈，最后钳平线端，连接好的导线如图 1—66f 所示。

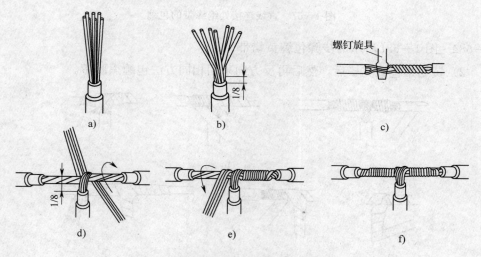

图 1—66　7 股铜芯导线的 T 字形分支连接

3. 连接处的绝缘恢复

（1）导线直线连接处的绝缘处理

1）在导线直线连接处包缠时，如图 1—67a、图 1—67b 所示，先将黄蜡带从线头的一边在完整绝缘层上离切口 40 mm 处开始包缠，使黄蜡带与导线保持 55°的倾斜角，后一圈压叠在前一圈 1/2 的宽度上，这种方法常称为半迭包。

2）黄蜡带包缠完以后将黑胶带接在黄蜡带尾端，朝相反方向斜叠包缠，仍倾斜 55°，后一圈仍压叠前一圈 1/2，如图 1—67c、图 1—67d 所示。

（2）导线 T 字形连接处的绝缘处理

1）导线 T 字形连接处的绝缘处理类似于直线连接处的绝缘处理，先按如图

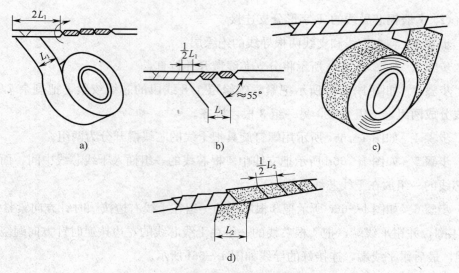

图 1—67 直线连接处绝缘带的包缠

1—68a～图 1—68f 所示的步骤包缠黄蜡带。

2）黄蜡带包缠完毕后，然后再反方向采用相同方法包缠黑胶带。

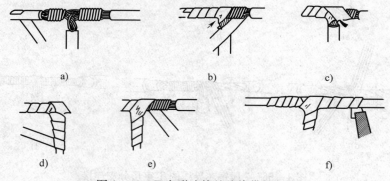

图 1—68 T 字形连接处绝缘带的包缠

 学习单元 2 接地制作

 学习目标

> 了解接地电阻测试仪的原理和使用方法
> 了解接地与接地装置

 **知识要求**

一、接地电阻测试仪的工作原理和使用方法

1. 接地电阻测试仪的工作原理

接地电阻测试仪的工作原理为由机内 DC/AC 变换器将直流变为交流的低频恒流，经过辅助接地极 C 和被测物 E 组成回路，在被测物上产生交流压降，经辅助接地极 P 送入交流放大器放大，再经过检测送入表头显示。借助倍率开关可得到三个不同的量程：$0 \sim 2 \ \Omega$、$0 \sim 20 \ \Omega$、$0 \sim 200 \ \Omega$。

2. 接地电阻测试仪的使用方法

在电气系统中，为了防止电气设备的绝缘层被击穿和因漏电使设备的外壳带电，一般要把设备的外壳接地。此外，为了防止雷电袭击，高大建筑物和高压输电线都需装设避雷装置（包括避雷针、避雷线、避雷器等），这些装置都要可靠接地。接地装置必须十分可靠，其接地电阻必须保证在一定的范围之内。接地电阻测试仪是专用于测量各种装置接地电阻的仪表。下面介绍一下接地电阻测试仪的使用方法，只有正确使用和接线才能得到正确的测量值。

（1）测量接地电阻时，应选择在土壤导电率最低及土壤干燥的时期（如冬季最冷的时候或夏季）进行。在测量前，应先将被测设备停电。为了防止其他接地装置影响测量结果，应将待测接地极与其他接地装置临时断开，待测量完毕再将断开处可靠连接。

（2）测量前，先将接地电阻测量仪水平放置并调零，检查检流计的指针是否指在中心线上（如不在中心线上，应调整到中心线上）。

（3）按所使用的接地电阻测量仪说明书的要求接线。三端钮式测量仪接地如图 1—69a 所示，四端钮测量仪接线如图 1—69b 所示。两根探测针（P_1' 和 C'）都需垂直插入地下 40 cm 以上。

（4）将接地电阻测量仪的粗调倍率旋钮置于最大倍数位置，一面缓慢转动手柄，一面调节粗调旋钮，使检流针的指针接近中心红线位置。当检流计接近平衡时，再加快手柄的转速使之达到额定转速（约 120 r/min）；同时调节测量标度盘细调拨盘，使检流计指针直至居中，稳定地指在红线位置为止。这时，用测量标度盘（表头）的读数乘以粗调倍率旋钮的定位倍数，即为接地装置的接地电阻值。

（5）如果测量标度盘的读数小于 1 Ω，则应将粗调倍率旋钮置于倍数较小的挡，并重新测量和读数。

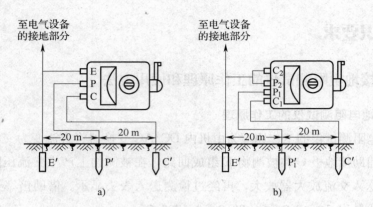

图 1—69　接地电阻测量仪的接线

a）三端钮式　b）四端钮式

（6）为了保证测得的接地电阻值准确可靠，应在测量完毕后移动两根探测针，更换另一个地方进行再次测量。一般每次所测得的接地电阻值不会完全相同，最后取多次测得值的平均数为该接地装置的电阻值。

电气设备接地电阻的测量应该定期进行。接地电阻按要求在一年中任何时候都不能大于规定的数值，所测接地电阻小于规定值才算真正符合要求。

二、接地与接地装置

1. 接地方式的选择

根据电网的结构特点、运行方式、工作条件、安全要求等方面的情况，从安全、经济、可靠出发，合理选择接地方式。

低压电网的中性点可直接接地或不接地。当安全要求较高，且对称三相负载装有迅速而可靠地自动切除地故障的装置时，电力网宜采用中性点不接地的方式。从经济方面考虑，低压配电系统通常采用中性点直接接地方式，以三相四线或五线制供电，可供动力负荷与照明负荷，以节约投资。

电气装置的金属外壳、配电装置的构架和线路杆塔，由于绝缘损坏，有可能带电，为防止危及人身和设备的安全而设的接地，称为保护接地，如 TT 系统、IT 系统中电气设备的外露可导电部分所做的接地。在中性点直接接地系统中，将电气设备外露可导电部分与零线进行连接，成为保护接零，如 TN－C 系统接地方式。由此可见，保护接地适用于中性点不接地系统中；在中性点直接接地系统中，宜采用保护接零，且土壤电阻率较低，可采用保护接地，并装设漏电保护器来切除故障。TN、TT 及 IT 三种接地方式如图 1—70 所示。

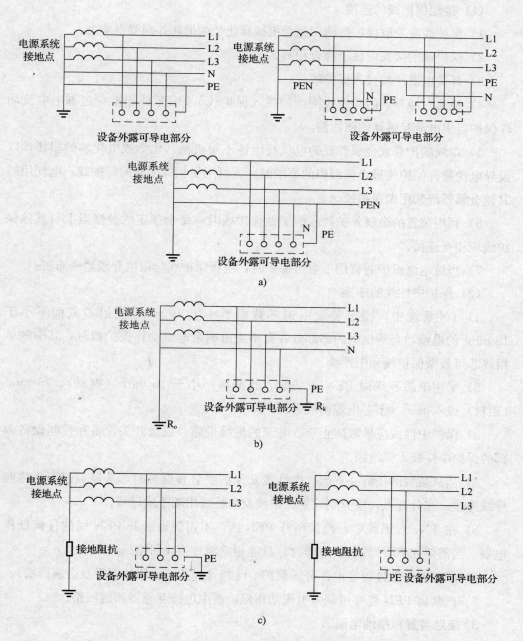

图 1—70　TN、TT 及 IT 三种接地方式

a) TN 系统图　b) TT 系统图　c) IT 系统图

2. 接地保护线、保护中性线的连接

（1）接地保护线的连接

1）保护线应采取保护措施，免受机械和化学的损坏并耐受电动力。

2）保护线的接头应便于检查和测试。

3）开关电器严禁接入保护线。

4）检测对地导通的动作线圈严禁接入保护线，如 PE 线不准穿过漏电电流动作保护器中电流互感器的磁回路。

5）布线的护套或金属外皮的电气持续性不受机械、化学或电化学的损坏，以及导电性符合保护线最小截面积的要求时，方可用做相应回路的保护线。电气用的其他金属管严禁用做保护线。

6）利用装置的金属外护物或框架做保护线时，每个预定的分接点上与其他保护线应相互连接。

7）当过电流保护装置用于电击保护时，应将保护线与带电导线紧密布置。

（2）保护中性线的连接

1）TN 系统中，固定装置中铜芯截面不小于 10 mm^2 或铝芯截面不小于 16 mm^2 的电缆，当所供电的那部分装置不经由剩余电流动作保护器时，其中的单根线芯可兼做保护线和中性线。

2）采用单芯导线做 PEN 干线时，其截面不小于 10 mm^2（铜材）、16 mm^2（铝材）或 4 mm^2（多芯电缆的线芯）。

3）保护中性线应采取防止杂散电流的绝缘措施。成套开关设备和控制设备内部的保护中性线无需绝缘。

4）当从装置的任何一点起，中性线及保护线分开设置时，从该点起不应将两导线连接。在分开点，应分别设置保护线及中性线用端子或母线。

5）在 TN－C 系统中，严禁断开 PEN 线，不得装设断开 PEN 线的任何低压电器。当需要在 PEN 线装设电器时，只能相应断开相线回路。

6）严禁将装置外可导电部分做保护中性线（包括配线用的钢管及金属线槽）。

7）严禁将 PEN 线穿过剩余电流动作保护器中电流互感器的磁回路。

3. 接地装置和接地电阻

（1）接地装置的一般要求

建筑物电气装置的接地装置应充分利用直接埋入地中或水中有可靠接触的金属导体作为自然接地体，当自然接地体的接地电阻不符合要求时，一般不敷设人工接地体，但变电站、发电厂除外。

1）接地装置的接地体应根据设计要求和现场施工条件确定接地体方式，可采用圆钢、角钢或钢管、钢带、金属板、埋于基础内的接地体，非钢筋混凝土中的钢筋、供暖系统的金属管道严禁用做保护接地体。

2）电气装置应设置总接地端子或母线，并应与接地线、保护线、等电位连接干线等相连接。

3）任何一种接地体的功效取决于当地的各种土壤条件，应选定适合于各种土壤条件的一种或几种接地体以及所要求的接地电阻值，且满足保护上和功能上长期有效的要求。

4）保护接地的接地装置应符合低压系统接地形式的要求。

5）接地装置应有足够的载流能力和热稳定性。

（2）接地装置的安装

接地装置制作安装应配合土建工程施工，在基础土方开挖的同时，挖好埋设接地体的沟道。钢质接地装置最好采用镀锌材料，焊接处涂沥青防腐；接地装置不应埋在有强烈腐蚀作用的土壤中或垃圾堆、灰渣堆中；接地线应尽量安装在不易受到机械损伤的地方，必要时应加钢管保护。但接地线又必须安装在明显处，以便检查。明敷接地线可以涂漆防腐。

1）人工接地体安装

① 垂直接地体应按设计要求取材，一般用圆钢、钢管或角钢制作，垂直接地体每根长度一般为 2.5 m，不宜小于 2.0 m。角钢、圆钢或钢管，其端部应锯成斜口，锻造成锥形或加工成尖头形状，端部加工长度宜为 120 mm。

垂直接地体应在地沟内中心线上垂直打入地下，顶部距地面不宜小于 0.6 m，接地体应与地面保持垂直，敲打接地体要平稳，不可摇动，以防接地体与土壤间产生间隙，增加接触电阻影响散流效果。垂直接地体不宜少于两根，间距不小于两根接地体的长度之和，如图 1—71 所示。当受地方限制时，可适当减少一些距离，但一般不应小于接地体的长度。

② 水平接地体应按设计要求取材，如

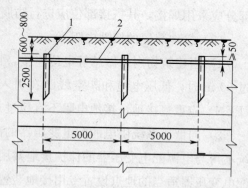

图 1—71　垂直接地体的敷设
1—垂直接地体　2—水平接地体

用扁铁应侧向敷设在地沟内，埋设深度距地面不小于 0.6 m，如图 1—72 所示。多根水平接地体平行敷设时，水平间距应符合设计要求，当无设计规定时不宜小于 5 m。

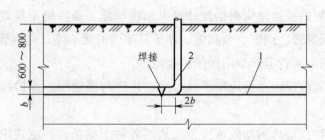

图1—72 水平接地体的敷设
1—水平接地体 2—接地体 b—扁铁宽度

2）接地体的连接。接地体的连接应包括垂直接地体与水平接地体的连接以及接地体与接地线的连接。

① 连接装置的地下部分应采用焊接，其搭接长度，扁钢为其宽度的2倍（且至少3个棱边焊接），圆钢为其直径的6倍，圆钢与扁钢连接时，长度为圆钢直径的6倍。

② 扁钢与钢管、扁钢与角钢焊接时为了连接的可靠，除应在其接触部位两侧进行焊接外，应焊以由钢带弯成弧形（或直角行）卡子或直接由钢带本身弯成弧形（直角形）与钢管（或角铁）焊接。

③ 接地体之间的连接应采用焊接。当采用扁铁做水平接地体时，敷设前应将其调直，并垂直于地沟内，依次将扁钢在距垂直接地体顶端大于50 mm处与其焊接。

④ 接地线连接。接地线的地下部分应有从接地体引出地面的接线端子，地下部分应采用焊接，其搭接部位应进行防腐处理。

（3）接地装置的接地电阻

1）当建筑物内未做总等电位连接，且建筑物距低压系统电源接地点的距离超过50 m时，低压电缆和架空线路在引入建筑物处的保护线（PE）或保护中性线（PEN）应重复接地，接地电阻不宜超过10 Ω。

2）向低压系统供电的配电变压器的高压侧工作于低电阻接地系统时，低压系统不得与电源配电变压器的保护接地共用接地装置，低压系统电源接地点应在距该配电变压器适当的地点设置专用接地装置，其接地电阻不宜超过4 Ω。

3）低压系统有单独的低压电源供电时，其电源接地点接地装置的接地电阻不宜超过4 Ω。

4）接户线的绝缘子铁脚宜接地，接地电阻不宜超过30 Ω，土壤电阻率在200 Ω·m及以下地区的铁横担钢筋混凝土杆线，可不另设人工接地装置。人员密集的公共场所的接户线，当混凝土杆的自然接地电阻大于 30 Ω 时，绝缘子铁脚应接地，并应设专用的接地装置。

5）保护配电柱上断路器，负荷开关和电容组等的避雷器接地线与设备外壳连接，接地电阻应不大于 10 Ω。保护配电变压器的避雷器，其接地线应接于变压器保护接地共用接地装置。

第 5 节　动力、照明及控制电路的综合装机调试

 学习单元 1　动力配电线路的综合装机调试

 **学习目标**

➤ 能够进行动力配电线路的综合装机调试

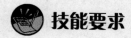 **技能要求**

动力配电线路的接线调试

一、操作要求

1. 根据安装板大小完成元器件的安装布局规划，要求布局合理美观。
2. 将电能表、开关等元器件固定在安装木板上。
3. 对元器件进行布线连接。
4. 对线路进行检查调试，实现线路功能。

二、操作准备

准备内容见表 1—21。

表1—21   准备内容

序号	名称	规格型号	数量	备注
1	三相四线制电能表	DT862—1.5（6）A 3×380 V	1只	
2	单相电能表	DD862—1.5（6）A 220 V	1只	
3	刀开关	HK2—32/2	1只	
4	熔断器	RC1A—5	2只	
5	断路器	DZ15—40 10 A	1只	
6	塑料铜芯线	1.5 mm² 及 2.5 mm² 单芯塑料铜导线	若干	
7	木制配电板	800 mm×600 mm	1	
8	安装辅件（磁夹、紧固件等）		若干	
9	电工常用工具		1套	

三、操作步骤

1. 电能表、刀开关、熔断器、断路器的安装

步骤1　设计一路单相照明配电线路以及一路三相动力配电线路的配电。配线板的布置如图1—73所示，左侧为单相照明配电线路，配置有单相电能表、刀开关以及熔断器；右侧为三相动力配电线路，配置有三相电能表、断路器。规划电能表、刀开关、熔断器、断路器等元器件的布局，在配电板上画线。

步骤2　检查电能表、刀开关、熔断器、断路器等元器件外观是否损坏，机械动作是否正常。

步骤3　固定电能表、刀开关、熔断器、断路器等元器件。注意电能表的安装必须保持垂直。

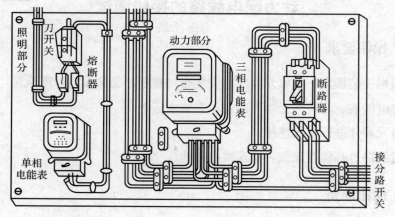

图1—73　配电板的布置及线路敷设

2. 塑料铜芯线的敷设连接

步骤 1　使用 1.5 mm² 单芯铜导线进行单相电能表的接线。如图 1—74 所示，单相电能表接线桩共 4 个，从左至右按 1、2、3、4 编号，接线方法一般按 1、3 接线桩接电源进线，2、4 接线桩接出线。

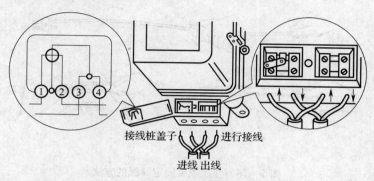

图 1—74　单相电能表的接线

步骤 2　使用 2.5 mm² 单芯铜导线进行三相四线制电能表的接线。如图 1—75 所示，三相四线制电能表接线桩共 11 个，从左至右按 1～11 编号，接线时 1、4、7 接线桩连接三相电源进线的相线，3、6、9 接线桩连接三相电源出线的相线，10、11 分别为电源中性线的进、出线桩。

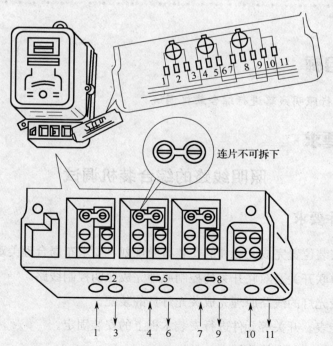

图 1—75　三相四线制电能表的接线

步骤3　按图1—75所示进行线路的敷设和连接，注意接线应可靠牢固。导线固定采用瓷夹。瓷夹固定导线的方法如图1—76所示，先将导线的一端用瓷夹固定，然后用抹布或旋具勒直导线，再加导线放入瓷夹的槽内，用左手抽紧导线，右手旋紧瓷夹固定导线。导线在转弯时，应在转弯处装两副瓷夹。

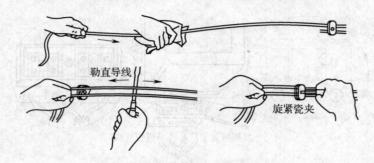

图1—76　使用瓷夹固定导线的方法

步骤4　在刀开关及熔丝盒中接上熔丝，完成配电板的安装。

学习单元2　照明线路的综合装机调试

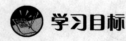学习目标

➢ 能够进行照明线路进行综合装机调试

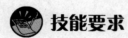技能要求

照明线路的综合装机调试

一、操作要求

1. 根据安装位置完成元器件的安装布局规划，要求布局合理美观。
2. 根据单联开关及双联开关的控制原理完成照明控制线路。
3. 根据荧光灯的线路原理完成荧光灯具的装配。
4. 对电能表、开关等元件进行安装木板上的安装固定。
5. 对元器件进行布线连接。

6. 对线路进行检查调试，实现线路功能。

二、操作准备

准备内容见表 1—22。

表 1—22　　　　　　　　　　　　　　准备内容

序号	名称	规格型号	数量	备注
1	刀开关	HK2P—32/2	1 只	
2	荧光灯具		1 套	
3	单联单控开关	86 型	1 只	
4	单联双控开关	86 型	2 只	
5	螺口平灯座		1 只	
6	明装接线盒	86 型明装 PVC 接线盒	3 只	
7	熔断器	RC1A—5	2 只	
8	护套线、塑料铜芯线	1.5 mm² 两芯及三芯护套线、1.5 mm² 单芯塑料铜芯线	若干	
9	木制配电板	800 mm×600 mm	1	
10	安装辅件（铝片线卡、紧固件等）		若干	
11	电工常用工具		1 套	

三、操作步骤

1. 刀开关、熔断器、单联开关、双联开关、螺口平灯座、双极明插座、明装接线盒的安装

步骤 1　设计照明配电线路，并在配电板上设计布局，如图 1—77 所示。在配电板上确定元器件安装位置并划线，标出导线走线位置。当在实际施工中，若电线敷设距离较长划线可用弹线的方式。

步骤 2　安装刀开关、熔断器、86 型明装接线盒。

步骤 3　在距接线盒、灯座、熔断器等元器件 50～100 mm 处标出铝片线卡固定点，在导线沿线按 150～200 mm 间隔标铝片线卡固定点，然后固定铝片线卡。

2. 荧光灯具的接线安装

步骤 1　检查荧光灯管、灯座、灯架、启辉器等是否完好。

步骤 2　按图 1—78a 线路原理对荧光灯具进行接线。

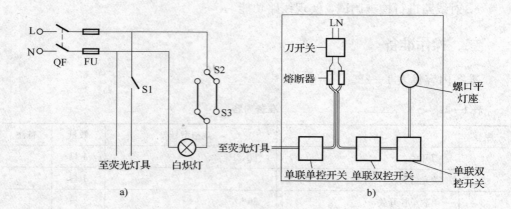

图 1—77　照明线路的接线

a）照明线路配电板线路图　b）照明线路配电板布置及线缆敷设参考

> ### 📌 相关链接
>
> 　　现在随着电子技术的发展，越来越多的荧光灯具开始使用电子镇流器，电子镇流器具有启动无火花、不需启辉器及补偿电容器等优点，其接线方法如图 1—78b 所示。

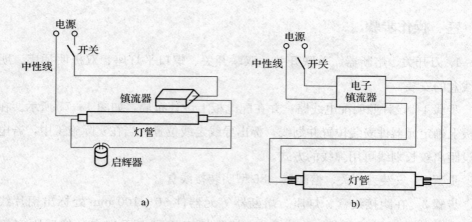

图 1—78　荧光灯的接线方法

a）使用普通镇流器的荧光灯接线方法　b）使用电子镇流器的荧光灯接线方法

　　步骤 3　安装荧光灯管及启辉器，完成荧光灯具的全部接线及安装工作，接线完成后如图 1—79 所示。

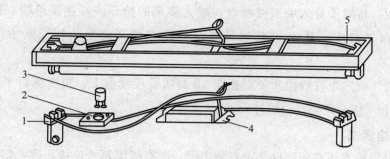

图 1—79 完成接线的荧光灯具

1—灯座 2—启辉器座 3—启辉器 4—镇流器 5—灯架

3. 进线回路的线路敷设、连接

步骤 1 采用 1.5 mm² 单芯塑料铜芯线连接刀开关以及熔断器之间的线路，注意遵守"左零右相"的原则。

步骤 2 截取适合长度的 1.5 mm² 两芯护套线两根，作为荧光灯具及白炽灯的电源线，接入在熔断器出线端上。

4. 单联开关控制荧光灯具的线路敷设、连接

步骤 1 将通往荧光灯具的护套线勒直，按图 1—80 所示，将护套线固定牢固。

步骤 2 将线头穿入明装接线盒，减去多余的护套线，将接 L 相的线接在单联单控开关面板进线桩头。

步骤 3 使用 1.5 mm² 两芯护套线连接单联单控开关至荧光灯具，其中 N 线的导线在单联单控开关明装接线盒中用压线帽连接。

步骤 4 固定单联单控开关面板至 86 型明装接线盒上。

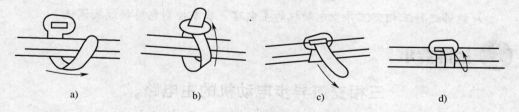

a)   b)   c)   d)

图 1—80 铝片线夹固定护套线的操作过程

5. 双联开关控制白炽灯的线路敷设、连接

步骤 1 同荧光灯具的接线方法，敷设白炽灯的护套线，并将白炽灯的护套线固定牢固。其中两个单联双控开关间敷设的是 1.5 mm² 三芯护套线。

101

步骤2　将线头穿入明装接线盒，减去多余的护套线，连接单联双控开关面板以及螺口平灯座。其中 N 相的导线在单联双控开关明装接线盒中用压线帽连接。

步骤3　固定单联双控开关面板至 86 型明装接线盒上，再将螺口平灯座固定在配电板上，装上外壳及白炽灯。

6. 通电调试

步骤1　检查所有元器件是否安装牢固，所有线缆是否连接正确，熔丝是否都已安装。

步骤2　连接配电板的电源进线。注意在连接之前应先用验电笔确认接线端已断电。

步骤3　合上刀开关，对配电板供电。

步骤4　合上单联单控开关，检查荧光灯是否点亮，点亮后荧光灯不应闪烁；之后断开单联单控开关，荧光灯应熄灭。

步骤5　合上任意一个单联双控开关，检查白炽灯是否点亮；之后断开任意一个单联双控开关，白炽灯应熄灭。

学习单元 3　控制电路的综合装机调试

学习目标

➤能够进行三相交流异步电动机的主电路、基本控制电路接线及调试

技能要求

三相交流异步电动机的主电路、基本控制电路的接线及调试

一、操作要求

1. 根据安装位置完成元器件的安装布局规划，要求布局合理美观。

2. 根据交流异步电动机的单向连续转动的控制原理完成对电动机的控制。

3. 根据热继保护装置的使用方法完成合理的参数设置，保护电动机的正常运行。

4. 将元器件固定在安装板上。

5. 对元器件进行布线连接。

6. 对线路进行检查调试，实现线路功能。

二、操作准备

准备内容见表 1—23。

表 1—23　　　　　　　准备内容

序号	名称	规格型号	数量	备注
1	小型三相交流异步电动机	60～90 W，～380 V	1 台	
2	控制箱（带安装板）	500 mm×380 mm×210 mm	1 个	
3	断路器	C65D 3P1 A	1 只	
4	接触器	CJX1—9 线圈电压 220 V	1 只	
5	热继保护装置	NR4—63 0.25～0.4 A	1 只	
6	按钮	ϕ22 自复式按钮	2 只	红色、绿色
7	指示灯	ϕ229～220 VAC	1 只	红色
8	接线端子	2.5 mm²	9 个	其中接地端子 2 个
9	熔丝盒	RT18	5 个	配 1 A 熔丝
10	导线		若干	
11	安装辅件（紧固件、导轨、3045 塑料走线槽等）		若干	
12	电工常用工具		1 套	

三、操作步骤

1. 设计

步骤 1　根据交流异步电动机的单向连续转动的控制原理完成对电动机的控制。其控制电路图如图 1—81 所示。

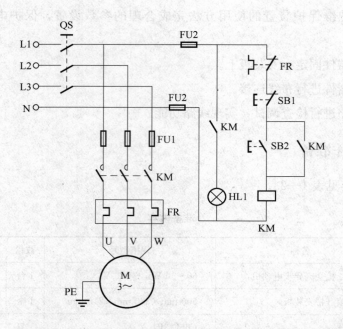

图1—81　交流异步电动机单向连续转动控制电路图

步骤2　根据其控制电路图选定所需的元器件，并按元器件尺寸及控制箱尺寸进行安装布局的设计。其控制电路的布局图如图1—82所示。

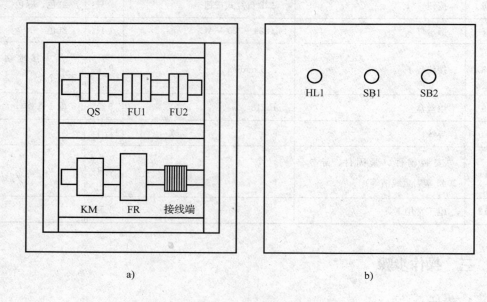

a)　　　　　　　　　　　　　　　　b)

图1—82　参考布局图

a）控制箱安装板布局示意图　b）控制箱面板布局示意图

2. 断路器、接触器、中间继电器、热继保护装置、按钮、指示灯的安装

步骤1 检查电动机绝缘是否良好，使用万用表测量电动机线圈阻值是否正常。

步骤2 检查接触器、断路器、按钮等机械性能是否良好，触点导通性能是否正常。

步骤3 拆下控制箱内安装板，设计柜内元器件布局，在安装板上划线，确定元器件固定位置，如图1—82a所示。

步骤4 按设计尺寸切割导轨及线槽，并在安装板上固定。导轨线槽必须可靠固定，必须横平竖直。

步骤5 设计控制箱面板按钮、指示灯的安装位置，如图1—82b所示，并开孔。

步骤6 安装元器件。

步骤7 电路图上元件的编号在元件上进行标示。

步骤8 在电路图上标示线号，并统计数量，准备好线号标示。

3. 控制回路、主电路的接线

步骤1 使用1.5 mm² 导线按电路图完成主电路的接线，注意在连接所有接线时应合理选择导线的颜色，这里L1、L2、L3、N相分别应采用黄、绿、红、蓝色线，接地线必须使用黄绿线。

步骤2 使用0.75 mm² 导线按电路图完成控制回路的接线。

步骤3 连接柜门与箱体之间的接地线，在连接前应先清理柜门及箱体上专用的接地螺栓，去除上面的油漆、锈渍，保证接地可靠。

步骤4 检查接线是否正确。

4. 上电调试

步骤1 按所用电动机的额定电流调整热继保护装置的保护电流。

步骤2 使用1.5 mm² 电缆线连接控制箱与电动机，使用1.5 mm² 电缆线连接控制箱的电源进线。注意在连接控制箱电源进线之前应先用验电笔确认接线端已断电。

步骤3 合上断路器QS，按下启动按钮SB2，接触器KM吸合，电动机连续运转，指示灯HL1点亮。松开SB2后，由于KM的常开辅助触点闭合已将SB2短接，控制电路仍旧保持接通，KM继续吸合，电动机继续连续运转。这种电路称为自锁（自保）。

相关链接

　　自锁控制线路是最为常用的控制电路，它具有欠压和失压保护作用。当电动机在正常运行时，如发生欠压现象，即线路电压低于正常额定电压时，接触器由于电压下降而断开，辅助触点也因此断开，解除自锁，电动机停止运行，防止由于欠压引起电动机过热；当发生失压时，接触器断开，解除了自锁，可以防止再次上电时电动机自动启动。

　　步骤4　按下停止按钮 SB1，KM 失电，KM 的常开辅助触点分断，自锁解除，电动机停止运转，指示灯 HL1 熄灭。

第2章
继电控制电路调试维修

第1节 低压电器拆装维修

学习单元1 拆装和修理按钮、指示灯

学习目标

➤ 了解按钮和指示灯的常见故障及处理方法
➤ 能够进行按钮的拆装和修理

知识要求

一、按钮的常见故障及处理

按钮是一种常用的控制电气元件，也是最基本的人机接口工具。因按钮品种较多，各厂家又各不相同，本章以最常用的 LA42 按钮为例来学习，如图 2—1 所示。

按钮的常见故障及其处理方法见表 2—1。

图 2—1　LA42 按钮

表 2—1 按钮的常见故障及其处理方法

故障现象	可能的故障原因	故障处理
安装位置偏离	主要由于安装用的紧固螺钉所受的力不均引起或因安装时螺帽没有正对螺纹，有安装偏离现象，致使螺帽斜置	对准螺纹，重新安装
按下停止按钮被控电器未断电	1. 接线错误 2. 线头搭接在一起松动 3. 杂物或油污在触头间形成通路 4. 胶木壳或塑料烧焦后形成短路	1. 校对改正错误线路 2. 检查按钮连接线 3. 清扫按钮开关内部 4. 更换新品
按下启动按钮被控电器不动作	1. 被控电器有故障 2. 主要由于长时间没有在使用工作状态下的产品的触头上覆着一层氧化膜，接触电阻增大引起或因流经按钮触点的电流超过触点的额定电流引起的触点烧毁或接线松脱	1. 检查被控电器 2. 清扫按钮触头或拧紧接线
触摸按钮时有触电的感觉	1. 按钮开关外壳的金属部分与连接导线接触 2. 按钮帽的缝隙间有导电杂物，使其与导电部分形成通电	1. 检查连接导线 2. 清扫按钮内部
松开按钮，但触点不能自动复位	1. 复位弹簧弹力不够 2. 内部卡阻	1. 更换弹簧 2. 清扫内部杂物

二、指示灯的常见故障及处理

指示灯的品种繁多，老式的指示灯用灯泡作为发光元件，灯泡易损且易烧毁。当前常见的指示灯均采用 LED 作为发光元件，故障率非常低，但其还是指示灯的主要故障点，处理方法是旋下塑料灯罩后更换发光元件。常见指示灯如图 2—2 所示。

图 2—2　指示灯

还有一类 LED 指示灯的发光体无法单独更换，须更换整个指示灯。

 技能要求

按钮的拆装和修理

一、操作要求

1. 仔细观察按钮结构特点。

2. 按顺序逐步拆卸按钮。

3. 记录其主要零件的名称、作用。

4. 按拆卸的逆序装配按钮，并检查恢复到未拆装前的外观和功能。

二、操作准备

准备内容见表 2—2。

表 2—2　　　　　　　　　　　　　准备内容

序号	名称	规格型号	数量	备注
1	按钮	LA42	1个	
2	电工工具包	32PC	1套	包括一字旋具等

三、操作步骤

1. 按钮的拆卸步骤

步骤1　先选用合适的旋具，把旋具头部作支点往上提，使按钮头部和触点座分离。

步骤2　将两部分彻底分离。

步骤3　如要更换触点，将旋具头部插入并往上撬。

步骤4　触点和触点座分离。

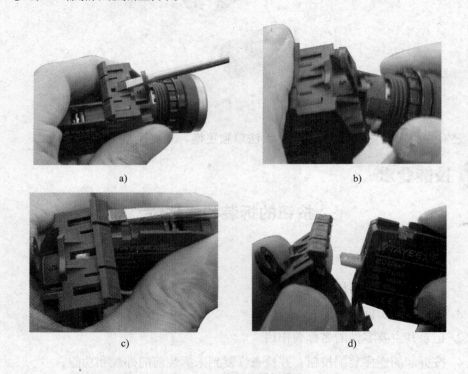

a)　　　　　　　　　　　　b)

c)　　　　　　　　　　　　d)

图2—3　按钮的拆卸步骤

a) 步骤1　b) 步骤2　c) 步骤3　d) 步骤4

2. 按钮的装配步骤

按钮的装配步骤与拆卸步骤相反，如图2—4所示。注意如下几点：

（1）固定触点时，先将下部卡进座子，上部红色部分对准凹槽推到底。

（2）将红圈的三角形对准后插入。

图 2—4　按钮的装配步骤

四、注意事项

1. 注意拆卸零件时，要选用合适的旋具，用力均匀，防止塑料件断裂。
2. 装配时，要注意使各个部件装配到位，操作灵活。

学习单元 2　拆装和修理接触器

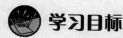学习目标

➢了解接触器的常见故障机处理方法
➢能够进行接触器的拆装和修理

知识要求

　　接触器的常见故障包括：吸合时噪声大；不动作或动作不可靠；不能释放或释放时间长；线圈过热或烧毁；触点熔焊等，常用的处理办法有：清洁或调整铁心；修复或更换触点；更换线圈等。常见的故障可能的原因和处理办法见表 2—3。

表 2—3　　　　　　　　　　接触器常见的故障及其处理方法

故障现象	可能的故障原因	故障处理
吸合时衔铁振动或噪声大	1. 电源电压低于线圈额定电压 2. 铁心因动作机构卡住而不能吸平 3. 衔铁和铁心接触面不平 4. 短路环断裂 5. 油垢、灰尘等异物黏附铁心极面或衔铁极面生锈	1. 保证控制回路电压在线圈的标称工作电压范围内 2. 排除动作机构卡住现象 3. 更换铁心 4. 调换铁心或短路环 5. 清理铁心极面或用细黏纸轻轻打磨铁心或衔铁极面
线圈过热或烧损	1. 电源电压过高或过低 2. 线圈通断频率过高 3. 环境温度过高 4. 运动机构卡住 5. 交流铁心极面不平	1. 调整电源电压 2. 降低通断频率或选用适合频繁操作的接触器 3. 采用特殊设计的线圈 4. 排除卡住现象 5. 清除极面不平
触点过度磨损	1. 接触器选用不当，在以下场合： (1) 容量不足；(2) 频繁反接制动； (3) 操作频率过高 2. 三相触点不同时接触 3. 负载侧短路	1. 接触器降容使用或改用适于繁重任务的接触器 2. 调整至触点同时接触 3. 排除短路故障，更换触点
触头熔焊	1. 操作频率过高或电流过大断开，容量不够 2. 长期过载使用 3. 触点表面有金属颗粒异物 4. 触头压力过小 5. 负载侧短路	1. 更换容量大的接触器 2. 更换接触器 3. 清理触头表面 4. 调高触头弹簧压力 5. 排除短路故障
触头不能复位	1. 复位弹簧损坏 2. 内部机械卡阻 3. 铁心安装歪斜	1. 更换弹簧 2. 排除机械故障 3. 重新安装铁心
不释放或释放缓慢	1. 触头熔焊 2. 触头弹簧压力过小 3. 机械可动部分被卡，有生锈现象 4. 反力弹簧损坏 5. 铁心接触面有油污或尘埃粘着 6. E 形铁心磨损过大	1. 更换触头 2. 调整触头参数 3. 排除卡住现象，处理锈蚀 4. 更换反力弹簧 5. 清理铁心接触面 6. 更换 E 形铁心

续表

故障现象	可能的故障原因	故障处理
吸不上或吸不足	1. 电路实际电压低于线圈额定电压，或有波动 2. 触头弹簧压力过大 3. 配线错误 4. 触头接触不良	1. 检查电源或更换合适的接触器 2. 调整触头参数 3. 正确配线 4. 换触头或清除氧化层和污垢

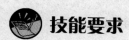 **技能要求**

接触器的拆装和修理

一、操作要求

1. 仔细观察接触器结构特点。

2. 按顺序逐步拆卸接触器。

3. 记录其主要零件的名称、作用。

4. 按逆序装配接触器，并检查恢复到未拆装前的外观和功能。

二、操作准备

准备内容见表 2—4。

表 2—4　　　　　　　　　　　准备内容

序号	名称	规格型号	数量	备注
1	接触器	B16	1个	
2	电工工具包	32PC	1套	包括一字旋具、十字旋具、尖嘴钳等

三、操作步骤

接触器的拆装步骤如下：

步骤 1　松掉灭弧罩的紧固螺钉，取下灭弧罩。

步骤 2　拉紧主触点的定位弹簧夹，取下主触点及主触点的压力弹簧片。拉出主触点时必须将主触点旋转 45°后才能取下。

步骤 3　松掉辅助动合静触点的接线桩螺钉，取下动合静触点。

步骤 4　松掉接触器底部的盖板螺钉，取下盖板。在松盖板螺钉时，要用手按住盖板，慢慢放松。

步骤 5　取下静铁心缓冲绝缘纸片、静铁心、静铁心支架及缓冲弹簧。

步骤 6　拔出线圈接线端的弹簧夹片，取出线圈。

步骤 7　取出反力弹簧。

步骤 8　抽出动铁心和支架。在支架上拔出动铁心的定位销。

步骤 9　取下动铁心及缓冲绝缘纸片。

步骤 10　拆卸完各部件，仔细观察各零部件的结构特点，并做好记录。

步骤 11　装配还原步骤按拆卸的逆序进行。

步骤 12　对装配好的接触器进行检查、调试和试验。

四、注意事项

1. 选取典型的接触器，记录其名称、型号。

2. 查阅相关教材、手册等资料，了解该接触器的结构特点和技术指标。

3. 根据接触器的结构特点选择适当的拆装工具。

4. 从外到内将接触器的零部件一一拆卸，并按顺序观察、辨别、标识并记录。注意拆除零件时，一方面要选用合适的旋具，用力均匀，防止滑丝；另一方面还要防止弹簧、卡簧、垫片、螺钉的弹跳，以免丢失。

5. 拆完后，观察每一个零部件，并记录其结构特点。

6. 按拆卸的逆序将已拆开的零部件重新装配，装配时要注意使各个部件装配到位，动作灵活。

 学习单元 3　其他常用低压电器故障及处理方法

 **学习目标**

➤ 了解其他常用低压电器常见故障及处理方法

 知识要求

一、刀开关

刀开关常见的故障及其处理方法（见表 2—5）。

表 2—5　　　　　　　　　　刀开关常见的故障及其处理方法

故障现象	可能的故障原因	故障处理
闭合后电路一相或两相无电源	1. 静触头弹性消失，开口过大使静动触头接触不良 2. 熔丝熔断或虚假连接 3. 静动触头氧化或粘垢 4. 电源进出线头氧化后接触不良	1. 更换静触头 2. 更换或紧固螺钉 3. 清洁触头 4. 清除氧化物，重新连接
刀开关短路	1. 外接负载短路，熔丝熔断 2. 金属异物落入开关内引起相间短路	1. 排除负载短路故障 2. 清除开关内异物
触头烧坏	1. 开关容量太小 2. 断开或闭合时动作太慢，造成电弧过大，烧坏触头	1. 更换大容量开关 2. 改善操作方法

二、转换开关

转换开关常见的故障及其处理方法见表 2—6。

表 2—6　　　　　　　　　转换开关常见的故障及其处理方法

故障现象	可能的故障原因	故障处理
手柄转动后内部触头未动	1. 手柄上的轴孔磨损变形 2. 绝缘杆变形 3. 手柄与轴或轴与绝缘杆配合松动 4. 操作机构损坏	1. 更换手柄 2. 更换绝缘杆 3. 紧固松动部件 4. 修理
手柄转动不能到位	弹簧安装不准确	重新安装弹簧
手柄转动后，动静触点不能同时通断	1. 动触头安装角度不正确 2. 静触头失去弹性或接触不良	1. 重新安装动触头 2. 更换触头或清除氧化层或污垢
接线柱间短路	因铁屑或油污附着在接线柱间，形成导电层，将胶木烧焦，绝缘损坏后而形成	更换开关

三、低压断路器

低压断路器常见的故障及其处理方法见表2—7。

表 2—7　　　　　　　　　低压断路器常见的故障及其处理方法

故障现象	可能的故障原因	故障处理
不能合闸	1. 开关容量太小 2. 热脱扣器的热元件未冷却复原 3. 锁链和搭钩衔接处磨损，合闸时滑扣 4. 杠杆或搭钩卡阻	1. 更换大容量的开关 2. 待双金属片复位后再合闸 3. 更换锁链及搭钩 4. 检查并排除卡阻
开关温升过高	1. 触头表面过分磨损，接触不良 2. 触头压力过低 3. 接线柱螺钉松动	1. 更换触头 2. 调整触头压力 3. 拧紧螺钉
电流达到整定值时开关不断开	1. 热脱扣器的双金属片损坏 2. 电磁脱扣器的衔铁与铁心距离太大或电磁线圈损坏 3. 主触头熔焊后不能分断	1. 处理接触面或更换触头 2. 调整触头压力 3. 拧紧螺钉
电流未达到整定值，开关误动作	1. 整定电流调得过小 2. 锁链或搭钩磨损，稍受震动即脱钩	1. 调高整定电流值 2. 更换磨损部件

四、熔断器

熔断器常见的故障及其处理方法见表2—8。

表 2—8　　　　　　　　　熔断器常见的故障及其处理方法

故障现象	可能的故障原因	故障处理
熔断器入端有电出端无电	1. 熔体已断 2. 紧固螺钉松脱 3. 熔体或接线端接触不良	1. 更换熔体 2. 重新紧固螺钉 3. 通过细砂纸打磨或夹紧等方法使接触恢复良好
合闸瞬间，熔体立即熔断	1. 熔体电流等级选择太小 2. 电动机侧有短路或接地 3. 熔体安装时受到机械损伤	1. 更换合适的熔体 2. 排除短路或接地故障 3. 更换熔体
熔体阻值为无穷大	熔体已断	更换相应的熔体

五、行程开关

行程开关常见的故障及其处理方法见表 2—9。

表 2—9　　　　　　　　行程开关常见的故障及其处理方法

故障现象	可能的故障原因	故障处理
挡铁碰撞行程开关后触头不动作	1. 安装位置不准确 2. 触头接触不良或接线松动 3. 触头弹簧失效	1. 调整安装位置 2. 清刷触头或紧固接线 3. 更换弹簧
无外界机械力作用，但触头不复位	1. 复位弹簧失效 2. 内部撞块卡阻 3. 调节螺钉太长，顶住开关按钮	1. 更换弹簧 2. 清扫内部杂物 3. 检查调节螺钉

六、速度继电器

速度继电器常见的故障及其处理方法见表 2—10。

表 2—10　　　　　　　　速度继电器常见的故障及其处理方法

故障现象	可能的故障原因	故障处理
电动机断电后不能迅速制动	1. 触头处导线松脱 2. 摆杆卡住或损坏	1. 拧紧松脱导线 2. 排除卡住故障或更换摆杆
电动机反向制动后继续往反方向转动	触点粘连未及时断开	修理或更换触点

七、热继电器

热继电器常见的故障及其处理方法见表 2—11。

表 2—11　　　　　　　　热继电器常见的故障及其处理方法

故障现象	可能的故障原因	故障处理
热元件烧断	1. 负载侧短路，电流过大 2. 操作频率过高	1. 排除短路故障，更换热继电器 2. 合理选用热继电器

续表

故障现象	可能的故障原因	故障处理
热继电器动作太快	1. 整定电流值偏小 2. 电动机启动时间太长 3. 连接导线太细 4. 操作频率太高或点动控制 5. 环境温差太大	1. 合理调整整定电流值，相差太大则换新品 2. 选择合适的热继电器或在启动时热继电器短接 3. 按要求选用导线 4. 改用过流继电器 5. 改善环境
主电路不通	1. 热元件烧毁 2. 接线松脱	1. 更换热继电器 2. 拧紧松脱导线的螺钉
控制电路不通	1. 触头烧坏 2. 控制电路侧导线松脱	1. 修理触头 2. 拧紧松脱导线的螺钉
热继电器不动作，电动机烧坏	1. 热继电器的额定电流值与电动机的额定电流值不符 2. 整定电流值偏大 3. 触头接触不良 4. 导板脱出或动作机构卡住	1. 按电动机的容量选用热继电器 2. 根据负载合理调整整定电流 3. 清除触头表面灰尘和氧化物 4. 重新放置导板并试验动作的灵活程度或排除卡住故障

第2节　变压器和电动机的辨识和拆装

 学习单元1　分辨三相笼型异步电动机绕组的首末端

 **学习目标**

➤ 能够分辨三相笼型异步电动机绕组首末端

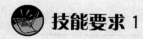 **技能要求 1**

三相笼型异步电动机绕组首末端的分辨 （一）

一、操作要求

利用兆欧表或万用表电阻挡分辨出三相笼型异步电动机绕组的首末端。

二、操作准备

准备内容见表 2—12。

表 2—12 　　　　　　　　　　　准备内容

序号	名称	规格型号	数量	备注
1	三相笼型异步电动机	Y112M—4	1 台	或类似规格
2	万用表	MF35	1 套	或兆欧表
3	导线	带两头鳄鱼夹	2 根	

三、操作步骤

步骤 1　先用兆欧表或万用表电阻挡分别找出三相定子绕组的各相两个线头。
步骤 2　给各相绕组假设编号为 U1，U2；V1，V2；W1，W2。
步骤 3　把假设的 U1、V1、W1 接在一起，U2、V2、W2 也接在一起，用万用表（调到微安挡上）测量这两个线头。用手转动电动机转子，如万用表（微安挡）指针不动，则证明假设的编号是正确的；若指针有偏转，说明其中有一相首末端假设编号不对，应逐相对调重测，直至正确为止。

 技能要求 2

三相笼型异步电动机绕组首末端的分辨 （二）

一、操作要求

利用兆欧表或万用表电阻挡分辨出三相笼型异步电动机绕组的首末端。

二、操作准备

准备内容见表 2—13。

表2—13   准备内容

序号	名称	规格型号	数量	备注
1	三相笼型异步电动机	Y112M—4	1台	或类似规格
2	万用表	MF35	1套	或兆欧表
3	电池	1号干电池	1节	配电池盒
4	导线	带两头鳄鱼夹	2根	

三、操作步骤

步骤1　先分清三相绕组各相的两个线头，并进行假设编号，再把电池的负极接U1，正极通过开关接U2上，将万用表的正极表笔接W1接，负极表笔接W2。

步骤2　接通瞬间，特别关注万用表（微安挡）指针摆动方向，如果指针向正方向偏转，则接电池正极的线头与万用表负极所接的线头为同名端（同为首端或末端）。如果指针向负方向偏转，则电池正极所接的线头与万用表正极所接的线头为同名端。

步骤3　将电池接另一相两个线头进行测试，就可正确判别出各相的首末端。

 学习单元2　分辨变压器的同名端

 学习目标

➤ 能够进行变压器同名端的辨别（直流法）

➤ 能够进行变压器同名端的辨别（交流电压法）

 技能要求1

变压器同一铁心上的不同绕组，在同一磁势作用下，产生相同极性电势的出线端，称为变压器的同名端。

变压器同名端的辨别（直流法）

一、操作要求

利用万用表和电池分辨出变压器的同名端。

二、操作准备

准备内容见表 2—14。

表 2—14 准备内容

序号	名称	规格型号	数量	备注
1	单相电源变压器	任意	1 台	
2	万用表	MF35	1 套	
3	电池	1 号干电池	1 节	配电池盒
4	导线		2 根	

三、操作步骤

步骤 1　按图 2—5 所示连接绕组、万用表、开关和电池，将万用表挡位打在直流电压低挡位，如 5 V 以下或者直流电流的低挡位（如 5 mA）。

步骤 2　当接通 S 的瞬间，表针正向偏转，则万用表的正极、电池的正极所接的为同名端，即 1 和 4 为同名端。

步骤 3　如果表针反向偏转，则万用表的正极、电池的负极所接的为同名端，即 2 和 4 为同名端。

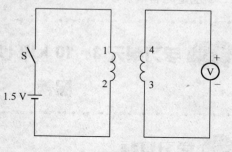

图 2—5　使用直流法判断变压器
同名端原理接线图

四、注意事项

注意断开 S 时，表针会摆向另一方向；S 不可长时间接通。

 技能要求 2

变压器同名端的辨别（交流电压法）

一、操作要求

利用万用表和交流电源分辨出变压器的同名端。

二、操作准备

准备内容见表 2—15。

表 2—15　　　　　　　　　　　　准备内容

序号	名称	规格型号	数量	备注
1	单相电源变压器	任意	1 台	
2	万用表	MF35	1 套	
3	24 V 交流电源	～24 V，100 mA	1 台	
4	导线		2 根	

三、操作步骤

步骤 1　对单相变压器一次、二次绕组进行连线。

步骤 2　在它的一次侧加适当的交流电压，分别用电压表测出一次侧和二次侧的电压 U_1、U_2，以及 1、3 之间的电压 U_3。

步骤 3　如果 $U_3 = U_1 + U_2$，则相连的线头 2、4 为异名端，1、4 为同名端，2、3 也是同名端。如果 $U_3 = U_1 - U_2$，则相连的线头 2、4 为同名端，1、4 为异名端，1、3 也是同名端。

 学习单元 3　10 kW 以下三相交流异步电动机的拆装和保养

 学习目标

➤ 熟悉三相交流异步电动机的常见故障及处理

➤ 了解对电动机的测量方法

➤ 能够进行 10 kW 以下三相交流异步电动机的拆装和保养

 知识要求

一、三相交流异步电动机常见的故障及处理

三相交流异步电动机常见的故障及其处理方法见表 2—16。

表 2—16　　　　　　　**三相交流异步电动机常见的故障及其处理方法**

故障现象	可能的故障原因	故障处理
电动机启动困难或不能启动	1. 某一相熔丝断路，缺相运行，且有"嗡嗡"声。如果两相熔丝断路，电动机不动且无声	1. 找出引起熔丝熔断的原因排除，并更换新的熔丝
	2. 电源电压太低，或者是降压启动时降压太多	2. 是前者应查找原因；是后者应适当提高启动电压
	3. 定子绕组或转子绕组断路或绕线转子电刷与滑环没有接触	3. 检查处理断路故障
	4. 定子绕组相间短路或接地	4. 排除短路故障和接地故障
	5. 定子绕组接线错误，如误将三角形接成星形，或将首末端接反	5. 检查纠正
	6. 定子与转子铁心相擦	6. 调整
	7. 轴承损坏或被卡住	7. 更换轴承
	8. 传动带拉得过紧，摩擦加剧	8. 调整传动带松紧度
	9. 开关或启动设备接触不良	9. 检查并调整，使其接触良好
	10. 负载过重或传动机构被卡死	10. 减轻负载，检查负载的机械和传动装置
电动机温升过高或冒烟	1. 电压超过电动机额定电压 10% 以上，或低于电动机额定电压 5% 以上	1. 检查并调整电压
	2. 三相电源电压相间不平衡度超过 5%，引起三相电流不平衡	2. 调整电压
	3. 一相熔丝断路或电源开关接触不良，造成缺相运行而过热	3. 修复或更换损坏的元件
	4. 绕组接线有错，误将星形接成三角形，或误将三角形接成星形	4. 检查纠正接线
	5. 定子绕组匝间或相间短路或接地，使电流增大而过热	5. 若故障不严重，只需重新加包绝缘，严重的更换绕组
	6. 负载过大	6. 减轻负载或换用大功率的电动机
	7. 被带作业机械有故障而引起过载	7. 检查被带机械，排除故障
	8. 启动过于频繁	8. 减少启动次数
	9. 使用环境温度过高（超过 40℃）	9. 采取降温措施
	10. 电动机内外积尘和油污太多，影响散热	10. 消除灰尘和油污，应消除风道口杂物及污垢
	11. 电动机通风不畅，进风量减小，风扇损坏、装反或未装	11. 进行正确安装，损坏的风扇应修复或更换

续表

故障现象	可能的故障原因	故障处理
电动机轴承过热	1. 轴承损坏 2. 滚动轴承润滑脂过少、过多或有铁屑等杂质 3. 轴与轴承配合过紧或过松 4. 轴承与端盖配合过紧或过松 5. 电动机两端盖或轴承盖装配不良 6. 传动带过紧或联轴器装配不良	1. 更换轴承 2. 更换轴承 3. 过紧时应重新磨削，过松时应给转轴镶套 4. 过紧时加工轴承室，过松时在端盖内镶钢套 5. 将端盖或轴承盖止口装紧、装平，拧紧螺钉 6. 调整传动带张力，校正联轴器
电动机空载电流不平衡，三相相差大（某一相电流与三相电流平均值的差大于10％）	1. 定子三相绕组匝数不相等 2. 绕组首末端接错 3. 电源电压不平衡 4. 绕组存在匝间短路、线圈反接等故障	1. 须重新绕制定子绕组 2. 应检查并纠正 3. 须测量电源电压，设法消除不平衡 4. 消除绕组故障
电动机过热	1. 电源电压过低或过高 2. 负载过重或启动过于频繁 3. 三相异步电动机断相运行 4. 转子和定子发生摩擦 5. 绕组有短路或接地 6. 通风不良	1. 检查处理电源电压不稳定原因 2. 减轻负载，减少启动次数 3. 检查断相原因，重新接好 4. 检查轴承，检查转子是否变形，修理或更换 5. 检查短路或接地部位，修理或更换有故障的绕组 6. 检查通风道，清扫污垢，保持通畅
电动机轴承过热	1. 装配不当或轴承不合格 2. 轴承弯曲或轴承损坏 3. 传动带过紧或传动带打滑 4. 润滑油不合格	1. 选配标准合适的新轴承重新装配 2. 矫正轴承或更换轴承 3. 调节合适的传动带张力 4. 清洗轴承并注入新的润滑油
电动机转速低	1. 电源电压过低 2. 定子绕组局部断路或短路 3. 笼型转子条断裂或脱焊 4. 绕线型转子集电环与绕组连接松动或与电刷接触不良	1. 采取措施，提高电源电压 2. 检查处理断路或短路处 3. 检查修理断裂或脱焊处 4. 检查处理松动或解除不良处

续表

故障现象	可能的故障原因	故障处理
电动机运行过程中噪声大	1. 三相异步电动机单相运转 2. 三相电流不平衡 3. 转子与定子绝缘纸或槽楔相擦 4. 轴承磨损、缺油或油内有砂粒等异物	1. 检查绕组是否断相，修理更换 2. 检查处理不平衡情况 3. 修剪绝缘纸，削低槽楔 4. 更换轴承、加油或清洗轴承
电动机运行过程中振动大	1. 轴承缺油 2. 轴承磨损间隙过大 3. 气隙混入杂物或气隙不均匀 4. 联轴器、铁心及连接部件等处松动 5. 风扇不平衡 6. 机壳或基础强度不够 7. 电动机地脚螺钉松动	1. 清洗轴承并注入新的润滑油 2. 更换轴承 3. 清理杂物，校正气隙 4. 紧固松动部位 5. 检修风扇，校正平衡，纠正其几何形状 6. 进行加固 7. 紧固地脚螺钉

二、对电动机的测量

1. 直流电阻的测量

测量定子相绕组室温下的直流电阻，可用伏安法或电桥法，电桥法准确度和灵敏度高，并有直接读数的优点。测量绕组直流电阻的电桥有单臂电桥和双臂电桥两种。

用单臂电桥测量直流电阻时，把连接线电阻和接线柱接触电阻都包括在被测电阻内，因此，绕组电阻越小时，测量误差越大，故一般适用于 $1\ \Omega$ 以上的电阻测量。双臂电桥克服了单臂电桥的缺点，在被测电阻中不包括连接线电阻和接线柱接触电阻，一般用于测量小于 $1\ \Omega$ 的电阻值。下面以双臂电桥法为例介绍。

（1）拆下电动机接线盒内的连接片和电源线。

（2）用短且粗的导线使电桥的电位端钮 P_1、电流端钮 C_1 与电动机定子绕组 U1 连接，P_2、C_2 与电动机定子绕组 U2 连接。特别注意要将电位端钮 P_1、P_2 接至电流端钮 C_1、C_2 的内侧。

（3）调节调零器使指针位于机械零位。

（4）接通电源，将电桥的电源选择开关扳向相应的位置。

（5）估算电动机定子绕组的电阻值，将倍率旋钮旋到相应的位置上。

（6）将刻度盘旋到零位，用左手食指按下电源按钮 S，接通电源；再用无名指按下检流计按钮 G，如果检流计指针指向"—"，应旋动刻度盘减小数字，若刻度盘已在最小数字上，则应重新选择倍率，如果指针指向"＋"方向，应将刻度盘向增加方向旋动，反复调节，使检流计指针指向零位。测量完毕，读出电阻调节盘阻值再乘以倍率，即为所测电阻值。注意，测量完毕应先断开检流计按钮，再断开电源按钮，以免被测线圈的自感电动势造成检流计的损坏。

（7）按前述步骤测量电动机 V 相、W 相绕组的电阻值。将测量结果记录。

2. 绝缘电阻的测量

测量三相异步电动机各相绕组之间以及各相绕组对机壳之间的绝缘电阻，可判别绕组是否严重受潮或有缺陷。测量方法通常用手摇式兆欧表，额定电压低于 500 V 的电动机用 500 V 的兆欧表测量，额定电压在 500～3000 V 的电动机用 1000 V 的兆欧表测量，额定电压大于 3000 V 的电动机用 2500 V 兆欧表测量。

绝缘电阻测量步骤：

（1）选用合适量程的兆欧表。

（2）测量前要先检查兆欧表是否完好。即在兆欧表未接上被测物之前，摇动手柄使发电机达到额定转速（120 r/min），观察指针是否指在标尺的"∞"位置。将接线柱"线"（L）和"地"（E）短接，缓慢摇动手柄，观察指针是否指在标尺的"0"位。如果指针不能指到该指的位置，表明兆欧表有故障，应检修后再用。

（3）测量三相异步电动机的绝缘电阻。当测量三相异步电动机各相绕组之间的绝缘电阻时，将兆欧表的"L"和"E"分别接两绕组的接线端；当测量各相绕组对地的绝缘电阻，将"L"接到绕组上，"E"接机壳。接好线后开始摇动兆欧表手柄，摇动手柄的转速须保持基本恒定（约 120 r/min），摇动 1 min 后，待指针稳定下来再读数。

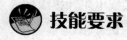 **技能要求**

三相异步电动机的拆装和保养

一、操作要求

1. 借助常用工具进行三相异步电动机的拆装。

2. 保养三相异步电动机，使其保持性能。

二、操作准备

准备内容见表 2—17。

表 2—17　　　　　　　　　　　　　准备内容

序号	名称	规格型号	数量	备注
1	三相异步电动机	Y112M—4	1 台	铭牌技术数据：功率为 4 kW，额定电流为 8.8 A，定子绕组为三角形联结、额定转速为 1440 r/min
2	钳形电流表	T301	1 块	
3	兆欧表	ZC25—3	1 台	
4	转速表	SZG—20B	1 个	
5	万用表	MF35	1 个	
6	连接导线		若干	
7	电工工具包	32PC	1 套	
8	拆卸工具	锤子、木板、铜棒、顶拔器等	1 套	
9	其他用品	煤油、汽油、刷子、洁净布等	若干	

三、操作步骤

1. 三相异步电动机的拆卸步骤

三相异步电动机的拆卸步骤如图 2—6 所示。

（1）切断电源，卸下传动带。

（2）拆去接线盒内的电源接线和接地线。

（3）卸下底脚螺母、弹簧垫圈和平垫片。

（4）卸下传动带轮。

（5）卸下前轴承外盖。

（6）卸下前端盖。可用大小适宜的扁凿，插在端盖凸出的耳朵处，按端盖对角线依次向外撬，直至卸下前端盖。

（7）卸下风叶罩。

（8）卸下风叶。

（9）卸下后轴承外盖。

（10）卸下后端盖。

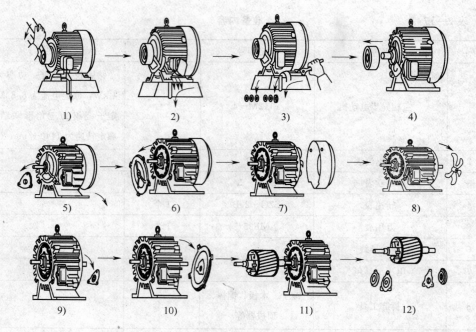

1) 2) 3) 4)

5) 6) 7) 8)

9) 10) 11) 12)

图 2—6   三相异步电动机的拆卸步骤

（11）卸下转子。在抽出转子之前，应在转子下面和定子绕组端部之间垫上厚纸板，以免抽出转子时碰伤铁心和绕组。

（12）用拉具拆卸前、后轴承及轴承内盖。

2. 电动机主要部件的拆装方法

（1）传动带轮或联轴器的拆装步骤

传动带轮或联轴器的拆装步骤如图 2—7 所示。

步骤 1   用记号笔标示传动带轮或联轴器的正反面，以免安装时装反。

步骤 2   用尺子量一下传动带轮或联轴器在轴上的位置，记住传动带轮或联轴器与前端盖之间的距离。

步骤 3   旋下压紧螺钉或取下销子。

步骤 4   在螺钉孔内注入煤油。

步骤 5   装上拉具，拉具有两脚和三脚，各脚之间的距离要调整好。

步骤 6   拉具的丝杆顶端要对准电动机轴的中心，转动丝杆，使传动带轮或联轴器慢慢地脱离转轴。

注意事项：如果传动带轮或联轴器一时拉不下来，切忌硬卸，可在定位螺钉孔内注入煤油或松动剂，等待几小时以后再拉。若还拉不下来，可用喷灯将传动带轮或联轴器四周加热，加热的温度不宜太高，要防止轴变形。

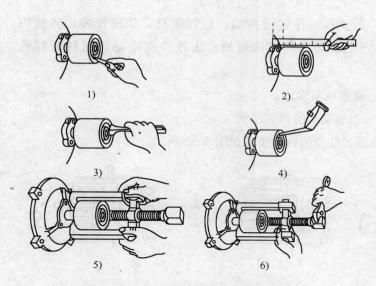

图 2—7　传动带轮或联轴器的拆卸步骤

拆卸过程中，不能用手锤直接敲出传动带轮或联轴器，以免传动带轮或联轴器碎裂、轴变形、端盖受损等。

（2）传动带轮或联轴器的安装步骤

传动带轮或联轴器的安装步骤如图 2—8 所示。

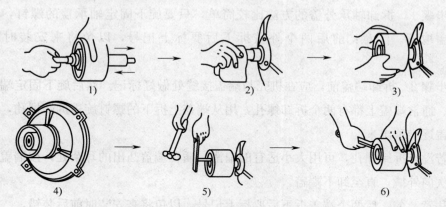

图 2—8　传动带轮或联轴器的安装步骤

步骤 1　取一块细纱纸卷在圆锉或圆木棍上，把传动带轮或联轴器的轴孔打磨光滑。

步骤 2　用细砂纸把转轴的表面打磨光滑。

步骤 3　对准键槽，把传动带轮或联轴器套在转轴上。

步骤 4　调整传动带轮或联轴器与转轴之间的键槽位置。

步骤 5　用铁板垫在键的一端，轻轻敲打，使键慢慢进入槽内，键在槽里要松紧适宜，太紧会损伤键和键槽；太松会使电动机运转时打滑，损伤键和键槽。

步骤 6　旋紧压紧螺钉。

（3）轴承盖和端盖的拆装步骤

1）轴承盖和端盖的拆卸步骤如图 2—9 所示。

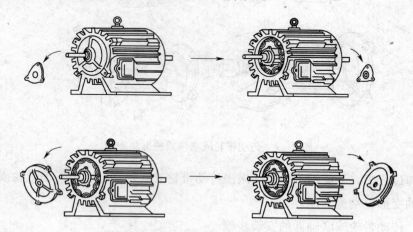

图 2—9　轴承盖和端盖的拆卸步骤

步骤 1　拆卸轴承外盖的方法比较简单，只要旋下固定轴承盖的螺钉，就可把外盖取下。注意：前后两个外盖拆下后要标上记号，以免将来安装时前后装错。

步骤 2　拆卸端盖前，应在机壳与端盖接缝处做好标记。然后旋下固定端盖的螺钉。通常端盖上都有两个拆卸螺孔，用从端盖上拆下的螺钉旋进拆卸螺孔，就能将端盖逐步顶出来。

若没有拆卸螺孔，可用大小适宜的扁凿，插在端盖凸出的耳朵处，按端盖对角线依次向外撬，直至卸下端盖。

注意：前、后两个端盖拆下后要标上记号，以免将来安装时前后装错。

2）轴承盖和端盖的安装步骤如图 2—10 所示。

步骤 1　装上轴承外盖。

步骤 2　插上一颗螺钉，一只手顶住螺钉，另一只手转动转轴，使轴承的内盖也跟着转动，当转到轴承内外盖的螺钉孔一致时，把螺钉顶入内盖的螺钉孔里，并旋紧。

步骤 3　把其余两个螺钉也装上，旋紧。

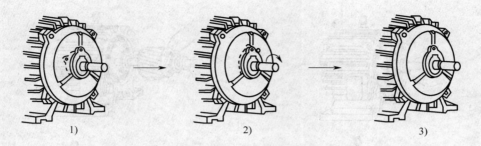

图 2—10　轴承盖和端盖的安装步骤

（4）风罩和风叶的拆卸步骤

风罩和风叶的拆卸步骤如图 2—11 所示。

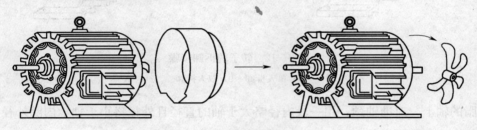

图 2—11　风罩和风叶的拆卸步骤

步骤 1　选择适当的旋具，旋出风罩与机壳的固定螺钉，即可取下风罩。

步骤 2　将转轴尾部风叶上的定位螺钉或销子拧下，用小锤在风叶四周轻轻地均匀敲打，风叶就可取下。若是小型电动机，则风叶通常不必拆下，可随转子一起抽出。

（5）转子的拆装步骤

1）转子的拆卸步骤如图 2—12 所示。

拆卸小型电动机的转子时，要一手握住转子，把转子拉出一些，随后用另一只手托住转子铁心渐渐往外移。要注意，不能碰伤定子绕组。

拆卸中型电动机的转子时，要一人抬住转轴的一端，另一人抬住转轴的另一端，渐渐地把转子往外移。

2）转子的安装步骤。转子的安装是转子拆卸的逆过程。安装时，要对准定子中心把转子小心地往里送。注意，不能碰伤定子绕组。

3. 三相异步电动机的装配与调试

（1）三相异步电动机的装配步骤和拆卸步骤相反。首先装配轴承。轴承装配有冷套法和热套法两种，一般情况下用冷套法。冷套法是把轴承套在清洗干净并加润

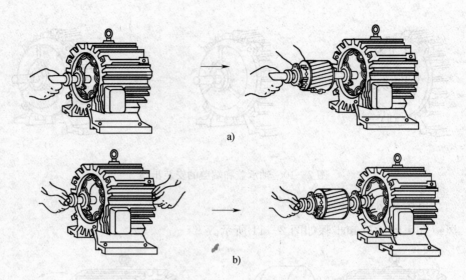

图2—12 转子的拆卸步骤

a）单人拆卸 b）双人拆卸

滑脂的轴上，对准轴颈，用一段内径略大于轴的直径且外径略小于轴承内圈外径的铁管，一端顶在轴承内圈上，用锤子敲打另一端，缓慢地敲入。

（2）安装后端盖和转子。将轴伸端朝下垂直放置，在其端面上垫上木板，将后端盖套在后轴承上，用木锤敲打，把后端盖敲进去后，装轴承外盖。紧固内外轴承盖的螺栓时要逐步拧紧，不能先拧紧一个，再拧紧另一个。把转子对准定子内圈中心，小心地往里放，后端盖要对准与机座的标记，旋上后盖螺栓。

（3）安装前端盖、风扇叶和风罩。将前端盖对准与机座的标记，用木锤均匀敲击端盖四周，拧上端盖的紧固螺栓。安装风扇叶和风罩，完毕后，用手转动转轴，转子应转动灵活、均匀，无停滞或偏重现象。

（4）检查电动机机械部分的灵活性，不合格要重装。根据电动机的铭牌进行接线。

（5）安装带轮或联轴器。安装时，要注意对准键槽或定位螺钉孔。对于小型电动机，应在带轮或联轴器的端面上垫上木块，用手锤打入。若打入困难时，应在轴的另一端垫上木块顶在墙上，再打入带轮或联轴器。

（6）装配完毕，检查电动机的装配质量，如各部分螺栓是否拧紧，引出线的标记是否正确，转子转动是否灵活，轴伸端径向有无偏摆的情况等。

（7）用万用表检查电动机绕组的通断情况，用兆欧表测量电动机的绝缘电阻是否符合要求，一般要求三相绕组每相对地的绝缘电阻和相间绝缘电阻的阻值不得小于 0.5 MΩ。

（8）根据电动机的铭牌技术数据（如电压、电流和接线方式等）进行接线，为了安全，一定要将电动机的接地线接好、接牢。检查电动机温升是否正常，运转中有无异响。

（9）测量电动机的空载电流。空载时，测量三相空载电流是否平衡，三相电流应为额定电流的 20%～30%。同时观察电动机是否有杂声、振动及其他较大噪声，如果有应立即停止，进行检修。

（10）测量电动机转速。用转速表测量电动机转速，并与电动机的额定转速进行比较。

四、注意事项

1. 遵守安全操作规程，避免事故的发生。
2. 拆卸要注意掌握方法和技巧，不要硬卸。
3. 拆卸和装配电动机时，注意不要碰伤绕组、跌损端盖或损坏其他零部件。
4. 定子绕组是多路并联的要拆开各并联支路。
5. 通电试运行时电动机外壳必须可靠接地。
6. 实训结束后要清点、整理实训器材，清理实训场所。

学习单元 4　变压器维护和故障检修

学习目标

➤ 了解变压器维护和故障检修

知识要求

一、变压器维护

电力变压器对电能的经济传输、分配和安全使用具有重要意义。为保证电力变压器能长期、安全、可靠地运行，必须十分重视变压器的检修及日常维护工作。

为了保证变压器的安全运行，应对它进行定期检查维护。

1. 检查维护瓷套管及螺纹有无损坏及其他异常现象，如果发现应尽快更换。

2. 检查电气连接，保证其紧固、可靠。

3. 检查冷却系统运行是否正常，检查油箱、油枕、散热器、套管是否漏油，检查散热器有无渗漏、生锈，严重的应及时处理。

4. 检查呼吸器的硅胶颜色是否改变，如由蓝变红说明已受潮，需要进行更换。

5. 定期检查分接开关。

6. 检查储油柜的油位高度及油色是否正常，若发现油面过低应加油。

7. 检查变压器的温度是否正常，上层油温不得超过 85℃，如果超温，应核对负载，或检查内部是否有故障。

8. 检查高低压套管是否清洁，有无破损裂纹和放电痕迹；导体连接处有无发热变色现象。

9. 观察瓷管引出排及电缆头接头处有无发热变色、火花放电及异状，如有此现象，应停电检查，找出原因后修复。

二、变压器故障检修

变压器发生故障的原因较多，通过看、闻、听，可判断变压器是否有问题，初步分析确立故障范围。表 2—18 列出了变压器常见的故障及其处理方法。

表 2—18　　　　　　　　变压器常见的故障及其处理方法

故障现象	可能的故障原因	故障处理
接通电源后无电压输出	一次绕组或二次绕组开路或引出线脱焊	断裂线头在绕组外层，找出断头，重新焊牢；断裂线头在绕组内层，需重新绕制
	电源插头接触不良或外接电源线开路	检查、修理或更换电源插头
运行中响声大	变压器固定支架松动	检查旋紧螺钉与支架
	硅钢片未插紧或插错位	插紧或夹紧铁心，纠正错位硅钢片
	负载过重或短路	减轻负载，排除短路故障

续表

故障现象	可能的故障原因	故障处理
空载电流偏大	铁心叠片厚度不足	增加铁心厚度或重新制作骨架并重绕线包
	一次绕组匝数不足	重绕，增加一次绕组匝数
	一、二次绕组局部匝间短路	拆开绕组，排除短路故障
	铁心质量太差	更换质量较好的铁心
铁心或底板带电	一、二次绕组对地短路	拆开绕组，排除短路故障
	一次或二次绕组对地绝缘损坏或老化	绝缘处理或更换重绕绕组
	引出线碰触铁心或底板	排除碰触点，做好绝缘处理
	绕组受潮或环境温度过高	重新烘烤绕组，加强绝缘
温升过高甚至冒烟	匝间短路或一、二次绕组间短路	短路在绕组外层，找出处理短路处；短路在绕组内层，需重新绕制
	铁心片间绝缘太差，产生较大涡流	重新处理硅钢片绝缘
	负载过重或输出电路局部短路	减轻负载，排除短路故障
	层间绝缘老化	浸漆、烘干增强绝缘或重绕线包

第 3 节　照 明 等 低 压 线 路 的 维 修

学习单元 1　线路绝缘测量

学习目标

➤ 了解电气设备绝缘性能对安全用电的影响

➢ 掌握用兆欧表测量线路绝缘的方法

➢ 能够进行线路绝缘测量

 **知识要求**

一、绝缘电阻的概念

加直流电压于电介质，经过一定时间极化过程结束后，流过电介质的泄漏电流对应的电阻称绝缘电阻。

绝缘电阻是电气设备和电气线路最基本的绝缘指标。对于低压电气装置的交接试验，常温下电动机、配电设备和配电线路的绝缘电阻应不低于 $0.5\ M\Omega$（对于运行中的设备和线路，每 $1\ kV$ 对应的绝缘电阻应不低于 $1\ M\Omega$）。低压电器及其连接电缆和二次回路的绝缘电阻一般应不低于 $1\ M\Omega$；在比较潮湿的环境应不低于 $0.5\ M\Omega$；二次回路小母线的绝缘电阻应不低于 $10\ M\Omega$。Ⅰ类手持电动工具的绝缘电阻应不低于 $2\ M\Omega$。

二、使绝缘性能降低的因素

1. 绝缘体表面或内部缺陷

绝缘体表面或内部出现的疏松、气泡或气孔，它们可能会降低绝缘体的介电强度，并引起绝缘电阻的下降。

2. 绝缘体表面污染

绝缘体表面附着有灰尘、盐分、非金属丝状物等。绝缘体表面被污染后，在潮湿环境下，被吸附的污染物与空气中的水分结合，在绝缘体表面形成电解质水膜，使其表面变得可导电，会明显降低电连接器的绝缘电阻。

3. 环境温、湿度

温度和湿度对绝缘电阻的影响也很明显。绝缘体的绝缘电阻与其吸湿性有密切的关系，随着湿度的增大，在绝缘体的表面形成一层水膜。如果易电离的物质溶解于水膜中，则由于水膜具有高导电的特性，从而会显著降低绝缘体的绝缘电阻；而高温将提高湿气浸透速度，温度升高，绝缘电阻也降低，同时温度升高，载流子的运动速率加快，介质材料的吸收电流和电导电流会相应增加，绝缘电阻也会降低。

三、低压线路绝缘电阻的要求

众所周知，导线在强电场的作用下，绝缘层会被击穿起火。同时，导线受高温、潮湿、撞击、振动及腐蚀性气体作用，也会使导线的绝缘性能降低，甚至丧失。即使在正常的情况下，导线还会因使用时间过长，绝缘层陈旧老化而失去绝缘能力。因此，为了防止绝缘损坏引起火灾事故，必须定期对线路绝缘情况进行测定，500 V 以下线路的绝缘电阻，应用 500 V 或 1000 V 的兆欧表（俗称摇表）进行测定；500 V 以上线路的绝缘电阻，应使用 1000～2500 V 的兆欧表进行测定。

运行中的低压线路：要求对地绝缘电阻不低于每伏 1 kΩ。即三相四线制线路，相间绝缘电阻不低于 0.38 MΩ，对地绝缘电阻不低于 0.22 MΩ。新装和大修后的低压线路：要求绝缘电阻不低于 0.5 MΩ。在潮湿环境中对绝缘电阻的要求可降低到每伏 500 Ω。36 V 的安全电压线路对地的绝缘电阻不低于 0.22 MΩ。

四、测量前的准备工作

1. 必须切断被测设备电源，并对地短路放电，不允许在设备带电的情况下进行测量。

2. 对那些可能感应出高电压的设备，必须在消除这种可能性后，才能进行测量。

3. 注意被测物表面需保持清洁，减小表面电阻，确保测量结果的正确性。

4. 应检查兆欧表是否处于正常状态，主要检查其"0"和"∞"两点。即摇动手柄，使电动机达到额定转速，在短路兆欧表时指针应指在"0"位置；而开路时指针应指在"∞"位置。

5. 注意平稳、牢固地放置兆欧表，且远离较大电流导体及强磁场。

五、选用兆欧表

选择兆欧表额定电压的原则是：其额定电压一定要与被测电力设备或者线路的额定电压相适应。电压高的电力设备，对绝缘电阻值要求大一些，须使用电压高的兆欧表来测试；而电压低的电力设备，它内部所能承受的电压不高，为了设备安全，测量绝缘电阻时就不能用电压太高的兆欧表。表 2—19 列举了一些在不同情况下选择兆欧表额定电压的要求。

表 2—19　　　　　　　　各种设备与兆欧表对应关系

设备名称	被测对象	被测设备的额定电压	所选兆欧表的额定电压
电动机	旋转、直流电动机绕组的绝缘电阻	<1000 V	1000 V
		≥1000 V	2500 V
	交流电动机绕组的绝缘电阻	<3 kV	1000 V
		≥3 kV	2500 V
电力变压器及电抗器	绕组的绝缘电阻		2500 V 或 5000 V
互感器	绕组的绝缘电阻		2500 V
避雷器	绝缘电阻		2500 V
电力电缆	绝缘电阻	0.6/1 kV 以下	1000 V
		0.6/1 kV 以上	2500 V
控制或二次回路	绝缘电阻		500 V 或 1000 V
开关电器	绝缘电阻		2500 V

六、正确测量

在测量时，要注意兆欧表的正确接线，否则将引起不必要的误差。兆欧表的接线柱有三个：一个为"L"，即线端；一个为"E"，即地端；另一个为"G"，即屏蔽端（也叫保护环）。一般被测绝缘物体接在"L""E"之间，但当被测绝缘体表面严重漏电时，必须将被测物的屏蔽端或不需测量的部分与"G"端相连接。这样漏电流就经由屏蔽端"G"直接流回发电机的负端形成回路，而不再流过兆欧表的测量机构（流比计），从根本上消除了表面漏电流的影响。特别应该注意的是测量电缆线芯和外表之间的绝缘电阻时，一定要接好屏蔽端"G"。因为当空气湿度大或电缆绝缘表面有污物时，其漏电流将很大，为防止被测物因漏电而对其内部绝缘测量所造成的影响，一般在电缆外表加一个金属屏蔽环，与兆欧表的"G"端相连。

用兆欧表测量电气设备的绝缘电阻时，一定要注意"L"和"E"端不能接反。正确的接法是："L"端接被测设备导体，"E"端与接地的设备外壳相连，"G"端接被测设备的绝缘部分。如果接反了"L"和"E"端，流过绝缘体内及表面的漏电流经外壳汇集到地，由地经"L"流进流比计，使"G"失去屏蔽作用而给测量带来较大误差。另外，因为"E"端内部引线同外壳的绝缘程度低于"L"端与外壳的绝缘程度，将兆欧表放在地上，采用正确的接线方式时，"E"端对仪表外壳和外壳对地的绝缘电阻相当于短路，不会造成测量误差；而当"L"与"E"接反时，"E"对地的绝缘电阻就会与被测绝缘电阻并联，使测量结果偏小，造成较大的误差。

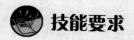

技能要求

线路绝缘测量

一、操作要求

1. 掌握兆欧表操作技能。
2. 使用兆欧表对低压线路进行绝缘测量。

二、操作准备

准备内容见表2—20。

表 2—20 　　　　　　　　　　准备内容

序号	名称	规格型号	数量	备注
1	兆欧表	ZC25－3	1台	
2	配电柜	任意	1套	
3	供电线路		1套	

三、操作步骤

步骤 1　根据被测试设备的额定电压选择适当电压的兆欧表。

步骤 2　将被测试设备接地充分放电，然后拆除其对外连接线。

步骤 3　布置好试验现场，选择适当的位置将兆欧表放置平稳，有水平调节装置的调节好水平位置。

步骤 4　空试兆欧表：以额定转速转动兆欧表的手柄或接通兆欧表的电源，兆欧表的指针应指示"∞"位置，有"∞"调整位置的应将指针调整到"∞"位置。将手摇式兆欧表的"L"和"E"短接，轻轻转动手柄，指针应指"0"。

步骤 5　将被试设备的接地端接于兆欧表的"E"接线柱上，被测端经一断开点接于"L"接线柱上。如U－W是指U相和W相之间的绝缘电阻；U－N是代表相线和零线之间的绝缘电阻；U－PE代表相线和地之间的绝缘电阻。

步骤 6　以稍大于额定转速的恒定转速转动兆欧表的手柄或接通兆欧表的电源，待指针指"∞"位置后，接通测量回路断开点（有切换开关的兆欧表可不设断开点而将开关切至"开"的位置），同时计时，分别读记15 s和60 s的测量值。不计吸收比时，则不读记15 s的兆欧值。对吸收现象不明显的小电容量设备，指针

139

稳定后即可读数。

步骤7　断开测量回路的断开点或将切换开关切至"关"的位置，再停止转动兆欧表的手柄或断开兆欧表的电源。

步骤8　视被试设备电容量的大小，将被试设备接地放电1~5 min。

步骤9　记录被试设备的温度、气候情况和试验中发现的问题。

四、注意事项

1. 禁止在雷电时或高压设备附近测绝缘电阻，只能在设备不带电、也没有感应电的情况下测量。

2. 摇测过程中，被测设备上不能有人工作。

3. 兆欧表接线不能绞在一起，要分开。

4. 兆欧表未停止转动之前或被测设备未放电之前，严禁用手触摸。拆线时，也不要触及接线的金属部分。

5. 测量结束时，对于大电容设备要放电。

6. 要定期校验兆欧表的准确度。

7. 对双回路架空线或母线，当一回路带电时，不得测量另一回路的绝缘电阻，以防止感应高压损坏仪表和危及人身安全。

8. 使用手摇兆欧表时，手柄的转速应尽可能略高于兆欧表额定转速，并维持恒定均匀。

9. 测量大容量发电机、长电缆、电力电容器等电容量较大的设备时，最初充电电流很大，因而兆欧表的指示数值很小，甚至到"0"，这并非绝缘不良，必须经较长时间才能得到正确的数值。必要时可适当延长测量时间，到指针基本稳定为止。

10. 当所测绝缘电阻过低时，能分解的设备应进行分解试验，找出绝缘电阻最低的部位。

 学习单元2　接地装置故障排除

 学习目标

➤ 了解接地故障的概念及其危害

> ➢ 掌握接地装置故障的排除方法
> ➢ 熟悉漏电保护器跳闸故障的排查
> ➢ 熟悉查找低压线路及低压设备漏电故障的方法

 **知识要求**

一、接地故障的概念及其危害

故障接地（fault earthing）又称为接地故障，是指导体与大地的意外连接。接地故障有以下特征：

1. 当发生一相（如 U 相）不完全接地时，即通过高电阻或电弧接地，这时故障相的电压降低；非故障相的电压升高，它们大于相电压，但达不到线电压。电压互感器开口三角处的电压达到整定值，电压继电器动作，发出接地信号。

2. 如果发生 U 相完全接地，则故障相的电压降到零，非故障相的电压升高到线电压。此时电压互感器开口三角处出现 100 V 电压，电压继电器动作，发出接地信号。

3. 电压互感器高压侧出现一相（U 相）断线或熔断器熔断，此时故障相的指示不为零，这是由于此相电压表在二次回路中经互感器线圈和其他两相电压表形成串联回路，出现比较小的电压指示，但不是该相实际电压，非故障相仍为相电压。此时电压互感器开口三角处会出现 35 V 左右电压值，电压继电器动作，发出接地信号。

4. 由于系统中存在容性和感性参数的元件，特别是带有铁心的铁磁电感元件，在参数组合不匹配时会引起铁磁谐振，并且电压继电器动作，发出接地信号。

5. 空载母线虚假接地现象。在母线空载运行时，也可能会出现三相电压不平衡，并且发出接地信号。但在母线的任意一条分支回路合闸后接地现象会自行消失。

二、接地故障排除的方法

1. 人工查找方法

如果变电站内没有安装接地选线装置，线路上也没有安装接地故障指示器或者短路及接地二合一故障指示器，也没有很好的接地故障探测仪，则只能采用人工查找的办法。人工查找步骤如下：

（1）通过人工（或调度，以下同）依次拉闸，可知道变电站哪条线路出现接地故障；通过调度知道哪相出现接地故障。

（2）查找故障点

查找故障点一般有两种方法：一是将线路逐级分段，或者将经常有故障的线路拉开，用2.5 kV摇表测接地相对地绝缘电阻，绝缘电阻小的那段为故障段，以此缩小查找范围（当然，在变电站出线侧一定要做好挂接地线等安全保护措施）；二是将线路尽可能分段，然后逐级试闭合送电，与调度互动配合，有零序电压报警时该段为故障区段。

注意：人工查找方法操作很麻烦，如果线路长、分支多、开关分段又少，就不好操作了；如果天气不佳，就更不好处理。建议还是采用一些设备投资少的科技手段来配合人工查找，可取得事半功倍的效果。

2. 利用接地选线装置和故障指示器来查找

变电站一般都安装了接地选线装置，虽然有时不准，但可以为人工拉闸提供技术参考，然后在线路上安装一些接地故障指示器（或者短路及接地二合一故障指示器），以此指示接地故障途径。目前，比较可靠的接地故障检测方法是采用信号源法，比较灵敏的接地故障检测方法是采用首半波法或者直流暂态分析法。建议采用这两种接地故障指示器相结合的方法来查找接地故障，以信号源法为主，以首半波法或者直流暂态分析法为辅。

3. 改变中性点接地方式来查找

使用改变中性点接地方式来查找接地故障有以下两种方案：

（1）将中性点改为经小电阻接地

改造以后，利用出口断路器的零序两段保护功能和短路故障指示器，基本上可以解决掉70%左右的接地故障查找问题，但还有30%左右的中阻和高阻接地故障不好查找，可能还存在与线路熔断器的保护配合问题。针对这种系统，目前比较好的解决方法是利用数字化的故障指示器，将线路零序电流（电缆）、线路总电流（架空）、对地绝缘电压（架空）等指示器的测量数据通过无线通信网络发送到调度系统，综合分析变电站实时和历史信息，可判断接地点位置。

（2）中性点改为小电阻＋断路器或者中电阻＋高压接触器的模式

断路器或高压接触器平时处于分位，只有当检测到系统零序电压抬高以后才延时合闸，短时变为小电阻或者中电阻接地，然后通过以小电阻接地方式下的检测方法来查找故障。另外，由于中性点电阻的通断可以灵活控制，则可以在消弧线圈动作以后，再以一定的合分时序来控制电阻的通断，以便让保护装置动作或者让接地故障指示器识别该信号，并指示出接地电流途径。

三、漏电保护器跳闸排查

1. 试送投运法

试送投运法的步骤可分两步：

步骤 1 检查漏电保护器自身故障。该方法是先切断电源，再将剩余电流动作保护器的零序互感器负荷侧引线全部拆除，再合保护器。若无法投运，则是保护器故障；若正常运行，则保护器无故障。

步骤 2 检查配电盘或线路。该方法是先将各路出线或熔断器切断负荷，若无法运行，则是配电盘上有故障；若正常运行，则不是配电盘故障，可确认故障发生在线路上。

2. 分线排除法

排查线路故障时，按照"先主干、再分支、后末端"的顺序，断开线路的各条分支线，对主干线进行试送电，若干线无故障，便能正常运行，然后依次对分支、末端线路进行试送电，就可以找到线路的故障点。

3. 直观巡视法

巡视人员根据故障现象进行分析判断，对保护区进行检查，着重点应放在线路的转角、分支、交叉跨越处。

四、查找低压线路及低压设备漏电故障的方法

1. 准备工具。万用表 1 台，软铜线 1 根，30 cm 长旋具 1 把。

2. 首先在配电室把送不出电的回路上的漏电保护器断开，先检查该漏电保护器是否正常。

3. 在排除是漏电负荷侧漏电时，拆除该漏电负荷侧的零线，用万用表的红表笔接在负荷侧零线上，黑表笔接在用软铜线和旋具做成的一个临时接地线上，而且接地点必须潮湿，测得的值如果在 2000 Ω 以下至几百欧姆说明不是直接接地；如果测得数值在 0 Ω 左右，说明是直接接地（测得的数值是四线的数值，因为通过各用电设备是串联的）。

4. 顺着线路找第一个分支，将该分支与其他分支断开，照上面的方法测得的数值，如果在 2000 Ω 以下，就找这个分支线路。逐个拆除该分支线路下的接户线，直到拆除某一接户线后万用表测得的数值在 2000 Ω 以上，就说明该接户线有漏电，就可找到漏电点。

注意：漏电负荷侧不能挂接地线，必须要有人在配电室看护，上杆人员必须有人监护。查到故障点后把各分支线路接好并把漏电下口的零线接好，才可试送电。

 学习单元 3 照明电路维修

 学习目标

➤ 掌握白炽灯电路的组成及其控制原理

➤ 掌握荧光灯电路的组成及其控制原理

➤ 掌握照明电路的常见故障分析方法

➤ 能够进行照明电路故障、插座故障的排除

 知识要求

一、照明电路的组成及其控制原理

图 2—13 所示为照明电路控制电路图，正确连接电路，此时电路处于初始状态，电灯不亮。合上 S1，电灯亮。断开 S1，电灯灭。

图 2—14 所示为两地控制照明电路原理图，正确连接电路，此时电路处于初始状态，电灯未亮。合上 S1，电灯亮。保持 S1 闭合，断开 S2，电灯灭。S1、S2 同时断开，电灯也亮。

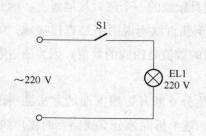

图 2—13 照明电路控制电路图

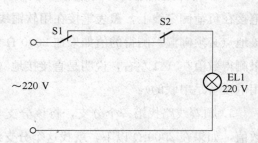

图 2—14 两地控制照明电路图

二、荧光灯等照明器具的结构与工作原理

当荧光灯接通电源后，电源电压经过镇流器、灯丝，加在启辉器的动触片和静触片之间，引起辉光放电，放电时产生的热量使双金属动触片膨胀并向外伸张，与静触片接触，接通电路，使灯丝预热并发射电子。与此同时，由于动触片与静触片相接触，使两片间的电压为零，而停止辉光放电，使动触片冷却并复原脱离静触片，在动触片断开瞬间，在镇流器两端会产生一个比电源电压高得多的感应电动势，这个感应电动势加在灯管两端，使灯管内惰性气体被电离而引起弧光放电。随着灯管内温度升高，液态汞就气化游离，引起汞蒸气弧光放电而发出肉眼看不见的紫外线，紫外线激发灯管内壁的荧光粉后，发出近似日光的灯光。图 2—15 所示为日光灯照明电路原理图。

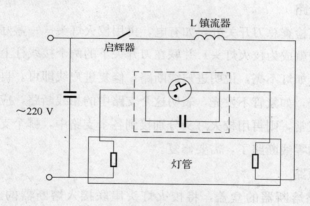

图 2—15　日光灯照明电路图

三、照明电路的常见故障分析

家庭照明电路在使用时，免不了会出故障而导致不能正常用电，给生活带来诸多不便。因此，了解一些常见的故障，学会家庭照明电路检修很有必要。

1. 常见的故障

（1）断路

如灯丝断了，灯座、开关、挂线盒断路，熔丝熔断或进户线断路等，断路会造成家用照明无法工作。

（2）短路

如接在灯座两个接线柱上的相线和零线相碰，插座内两根接线相碰等。短路会

把熔丝熔断而使整个照明电路断电，严重者会烧毁线路并引起火灾。

（3）过载

电路中用电器的总功率过大或单个用电器的功率过大，产生的现象和后果同短路。

（4）接触不良

如灯座、开关、挂线盒接触不良，熔丝接触不良，线路接头处接触不良等。这样会使电灯忽明忽暗，负载不能连续工作。

（5）连接错误

如插座的两个接线柱都接在相线上或都接在零线上，开关接在主线中的相线上，负载串联接在电路中等。

2．检修故障的一般方法

（1）检修断路

先用验电笔检查总刀开关处，如有电，再用校火灯头（一盏好的白炽灯，在灯座上引出两根线就成为校火灯头）并联在刀开关下的两个接线柱上。如该灯亮，说明进户线正常；如灯不亮，说明进户线断路，修复进户线即可。再用验电笔检查各个支路中的相线，如氖管不发光，表明这个支路中的相线断路，应修复接通。如果支路中的相线正常，则再用校火灯头分别接到各个支路中，哪个支路的灯不亮，就表明这个支路的零线断路了，需要修复。

（2）检修短路

先取下干路熔断器的盒盖，将校火灯头串联接入熔断器的上下两端，如灯亮，表明电路中有短路。同样，在各个支路开关的接点用上述方法将校火灯头串联接进去，哪个支路的灯亮，就表明这个支路短路了，只要检修这条支路就能解决问题。

3．各种照明电路的常见故障及其处理方法

各种照明电路的常见故障及其处理方法见表 2—21。

表 2—21　　　　各种照明电路的常见故障及其处理方法

故障现象	可能的故障原因	故障处理
不断烧断熔丝	1. 灯座或吊线盒连接处两线头互碰 2. 负载过大 3. 熔丝容量太小 4. 线路短路	1. 重新接线头 2. 减轻负载或扩大线路的导线容量 3. 正确选配熔丝规格 4. 修复线路

续表

故障现象	可能的故障原因	故障处理
灯泡不发光	1. 灯丝断裂 2. 灯座或开关接点接触不良 3. 熔丝烧断 4. 电路开路 5. 停电	1. 更换灯泡 2. 把接触不良的触点修复，无法修复时，更换完好的 3. 修复熔丝 4. 修复线路 5. 开启其他用电器给以验明或观察邻近不是同一个进户点用户的情况给以验明
灯光忽亮忽暗或时亮时熄	1. 灯座或开关触点（或接线）松动，或表面存在氧化层 2. 电源电压波动（通常附近有大容量负载经常启动） 3. 导线连接不妥，连接处松散	1. 修复松动的触头或接线，去除氧化层后重新接线，或去除触点的氧化层 2. 更换配电变压器，增加容量 3. 重新连接导线
启辉器不工作，灯管不亮	1. 电源电压不正常 2. 熔断器的熔丝烧断（或低压断路器分断） 3. 灯座、开关接线接触不良 4. 灯丝烧断 5. 线路中有断路现象	1. 检查电源是否正常 2. 熔丝是否烧断（如果采用低压断路器，检查是否动作），如果烧断，查明原因并更换熔丝 3. 排除接触不良 4. 查看灯管的灯丝是否烧断，如果不能看清，用万用表电阻挡测量。如果灯丝断路，更换灯管 5. 从电源处开始用验电笔检查各段电源情况，查明线路的断路处，修复
灯管启辉困难	1. 电源电压过低 2. 启辉器损坏 3. 接线错误，灯管接触不良	1. 调整电源电压 2. 更换启辉器 3. 检查线路，调整灯管
灯光闪烁或灯光有滚动	1. 新灯管会出现这种现象 2. 启辉器损坏或接触不良，使用环境温度过低	1. 如果是新灯管，点灯时间长一些或多开启几次，现象可消失 2. 检查或转动启辉器，不行更换

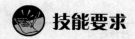 **技能要求**

照明电路、插座故障排除

一、操作要求

1. 利用万用表排除双控照明电路的各类故障。
2. 利用万用表排除插座电路的各类故障。

二、操作准备

准备内容见表 2—22。

表 2—22   准备内容

序号	名称	规格型号	数量	备注
1	白炽灯	40 W/220 V	1 套	含灯座
2	荧光灯	30 W/220 V	1 套	含灯管、镇流器、启辉器
3	插座		1 个	三孔或二孔
4	双控开关		2 套	
5	万用表	MF35	1 台	
6	电工工具包	32PC	1 套	
7	导线		若干	

三、操作步骤

1. 接通电源后荧光灯不亮的故障排除

这说明其内部电路没有工作。这种故障有多种原因：交流 220 V 没有进入荧光灯内部电路；灯管两端电极与灯座接触不良；启辉器电极与其插座接触不良；灯丝断路、镇流器线圈断路或荧光灯内部连接线断脱等。其排除方法与步骤如下。

步骤 1 先检查启辉器是否损坏或接触不良。用一个好的启辉器更换或用一段硬导线瞬间短接一下启辉器插座内的两个电极，如灯管亮，就说明原启辉器已损坏，需更换。另一种方法是直接用万用表测量启辉器插座内两个电极上的电压值，如果所测电压为 220 V 左右，就说明电源电压输入、镇流器和灯管都正常，故障是启辉器损坏。

步骤 2　在上述的基础上，再判断灯管是否损坏（灯丝断路）或其引脚是否接触不良。先把灯管拆下，两端对调或用细砂纸擦磨灯管两端电极，然后再插入其插座，用手向中间推灯管插座，使灯管与灯座接触良好，看灯管是否亮。如果还是不亮，大多为灯管损坏（灯丝断）。这时最好是用万用表电阻挡检查或用备用灯管替换试之。

步骤 3　对灯管损坏用新的灯管换上后，接通电源，灯管两端的灯丝猛亮一下即灭，灯管灯丝又烧断，这种情况一般都是镇流器损坏造成的。镇流器损坏主要是其内部线圈严重短路，使流过灯丝的电流过大。在检查这种故障时，应先更换镇流器，再接上新的灯管试之。否则，有可能新换的灯管再次烧毁。

步骤 4　在判断启辉器和灯管都正常的情况下，就应拆开荧光灯灯具的外壳，检查其镇流器或连接线是否正常。如果灯具内部各连接线正常，就说明镇流器损坏，只能换用新的镇流器或用电子镇流器改造。

2. 两地控制照明电路故障分析与排除

如图 2—16 所示，方法 1 是所有厂家推荐的正规接法，所有开关的中间接线点都为默认进线点，上下点均为控制线接点，而且在背板上都有不同的标注。这种方法安全简便，不会混淆。但在实际使用中，有很多采用方法 2 的接法，只是会存在很大隐患，更换灯管时不能保证相线不进灯头，而且万一开关出现故障或在潮湿环境中使用时，可能会发生短路现象。方法 3 是一个折中的方法，且从电气上来说也不严谨，一是无法和开关背板上的标注相对应，检修时容易搞混；二是理论上多一条控制线（实际布线时一般也会多布一条），用这种方法最好对线进行分色。

3. 家庭配电箱断路器经常跳闸的故障排除

（1）可能是插座电路有"软击穿"现象。判断的方法是在断电后，用 500 V 摇表（兆欧表）检查零线与火线之间的绝缘情况，其绝缘电阻最小不得小于 0.5 MΩ。

（2）可能是"插座"回路有轻微的漏电现象，检查的办法是将插座电路的零线与火线取下，再接入配电箱内任意另外一个容量相同的开关，合闸后如果这个开关不再跳闸，那么就是插座电路有轻微的漏电现象。合闸后如果这个开关还是跳闸，那就是插座电路有"软击穿"现象。

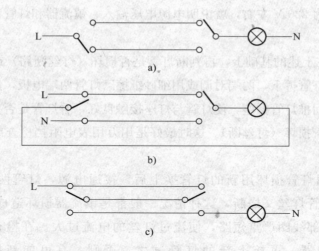

图 2—16　两地控制照明电路的几种常见方式

a）方法 1（正确）　　b）方法 2（有隐患）　　c）方法 3（不严谨）

（3）可能是插座电路的漏电保护开关有问题，可以换一个试一下。

（4）是否有负荷较大的家用电器？如果没有，可能某个地方有线路短路或漏电的情况。先把所有的插头全部拔掉，然后把配电箱里除了总刀开关以外所有的刀开关全部拉掉，顺序是：照明，关掉照明电器一个一个试，有可能是电器内部短路；然后再把没有合上的闸单独合上，当合上某一路导致跳闸就说明问题出在那里。

（5）配电箱的断路器有故障，需要更换一个。

（6）开关上、下接头松动。这可在跳闸后，立即关掉总闸（安全），检查该开关是否很热，检查接线螺钉是否拧紧，用绝缘柄的螺旋具把它拧紧。

（7）计算一下房间内的用电负荷是否与开关的额定电流相匹配，如果开关的额定电流小，应换大一些的。

（8）关闭该房间灯具开关和拔除家用电器插头后，关闭总电源，在配电箱的分线处，找到该房间分开关所控制（保护）的相线及相关的零线、接地线，用万用表的电阻挡对它们进行交叉测量，看线路是否有短路现象。看是零、相线短路还是相、地线短路。一般来说相线与接地线短路，问题与照明线路无关，可直接检查插座电路。施工时电路是由控制箱引至房间内的每一插座接线盒的，为排除故障方便、省事，建议在检查时应该从最后的那一只接线盒开始，逐一向上检查排除。

家庭供电线路常见故障

一、短路故障

当发生短路故障时，电流急剧增大，若保护装置失灵，会烧毁线路和电气设备。短路可以分为相间短路和相对地短路，相对地短路又可分为相线与中性线间短路和相线与大地间短路。

采用绝缘导线的线路本身发生短路的可能性很小，主要是由于用电设备、开关和保护装置内部发生故障所致。因此，检查和排除短路故障应先使故障区域的用电设备脱离电源，如果故障依然存在，再分别检查开关和保护装置。

管线线路和护套线线路往往因为线路上存在严重过载或漏电等故障，使导线长期过载而绝缘老化，或因外界机械损伤而破坏了导线的绝缘层，都会引起线路的短路。所以，要定期检查导线绝缘层的状况，测量绝缘电阻，如果发生绝缘电阻下降或绝缘层龟裂的现象，应及时更换。

二、断路故障

线路发生断路故障通常有以下几个方面的原因：

1. 导线线头连接松散或脱落。
2. 小截面导线因受外界机械力作用而断裂或被老鼠咬断。
3. 导线因严重过载或短路而烧断。
4. 单股小截面导线因质量不佳或因安装时受到损伤而断裂。
5. 活动部分的连接线路因机械疲劳而断裂。

断路故障的排除应根据故障的具体原因，采取相应的措施。

三、漏电故障

在线路中因为部分绝缘体轻度损坏会形成不同程度的漏电，分为相间漏电和相地漏电两种情况。出现漏电故障时，耗电量会增加，随着漏电程度的增大，会导致过载和短路故障的发生。出现漏电故障的原因主要有以下几个方面：

1. 线路和电气设备的绝缘老化。
2. 线路、电气设备安装不符合技术要求。
3. 线路和电气设备因受潮、受热或化学腐蚀使绝缘性能下降。
4. 修复绝缘层不符合要求。

漏电现象的排除应根据故障的具体原因，采取相应的措施，如更换导线、纠正不符合技术规范的安装形式等。

四、发热故障

线路导线发热或连接点发热的原因主要有以下几个方面：

1. 导线规格不符合要求，如导线截面积过小。
2. 电气设备的容量增大，超过设计要求。
3. 线路、电气设备有漏电现象。
4. 单根导线穿过具有环状的磁性金属，如钢管。
5. 导线连接点松动，使接触电阻增加。

学习单元4　单相电风扇电路维修

学习目标

➤ 熟悉单相电风扇的结构和工作原理
➤ 能够进行单相电风扇电路的检查和故障排除

知识要求

单相电动机有两个绕组，即启动绕组和运行绕组。两个绕组在空间上相差90°。在启动绕组上串联了一个容量较大的电容器，当运行绕组和启动绕组通过单相交流电时，由于电容器作用使启动绕组中的电流在时间上比运行绕组中的电流超前90°角，先到达最大值。在时间和空间上形成两个相同的脉冲磁场，使定子与转子之间的气隙中产生了一个旋转磁场，在旋转磁场的作用下，电动机转子中产生感应电流，电流与旋转磁场互相作用产生电磁场转矩，使电动机旋转起来。

如图2—17所示，分相启动式是由辅助启动绕组来辅助启动的，其启动转矩不大，运转速率大致保持定值。它主要应用于电风扇、空调风扇、洗衣机等电动机。

故障1　电源正常，通电后电动机不能

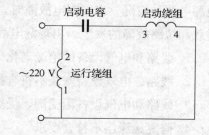

图2—17　单相电风扇电路图

启动。

原因：电动机引线断路；一次绕组或二次绕组开路；离心开关触点合不上；电容器开路；轴承卡住；转子与定子碰擦。

故障 2　空载能启动，或借助外力能启动，但启动慢且转向不定。

原因：二次绕组开路；离心开关触点接触不良；启动电容开路或损坏。

故障 3　电动机启动后很快发热甚至烧毁绕组。

原因：一次绕组匝间短路或接地；一次、二次绕组之间短路；启动后离心开关触点断不开；一次、二次绕组相互接错；定子与转子摩擦。

故障 4　电动机转速低，运转无力。

原因：一次绕组匝间轻微短路；运转电容开路或容量降低；轴承转动太紧；电源电压低。

故障 5　烧熔丝。

原因：绕组严重短路或接地；引出线接地或相碰；电容击穿短路。

故障 6　电动机运转时噪声太大。

原因：绕组漏电；离心开关损坏；轴承损坏或间隙太大；电动机内进入异物。

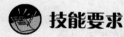 **技能要求**

单相电风扇电路的检查和故障排除

一、操作要求

利用万用表排除单相电风扇电路的各类故障。

二、操作准备

准备内容见表 2—23。

表 2—23　　　　　　　　　　准备内容

序号	名称	规格型号	数量	备注
1	单相电风扇		1 个	任意
2	电容器		1 套	按风扇要求
3	调速器		1 个	按风扇要求
4	万用表	MF35	1 台	
5	电工工具包	32PC	1 套	
6	导线		若干	

三、操作步骤

1. 风扇打开调速开关后风扇不转的故障排除

步骤 1　先检查室内电路、开关或熔丝，查看电源是否有问题。

步骤 2　多转动几下调速开关，看看调速开关是否接触不良。

步骤 3　关掉电源检查所有的接线点。

步骤 4　打开开关箱盖，检查所有的接线是否有没插牢或脱落的接线，若有则将之插好。

步骤 5　依次检查调速开关输出端、电动机绕组端的电压是否正常。

2. 风扇调平衡方法

用刻度尺调整（摇动轻微者，不用本方法调整）。

步骤 1　用有刻度的长尺检查，将尺子向上对准顶棚垂直放置，且置于叶片尾端，记下从叶片尾端边缘到顶棚的距离。

步骤 2　用手小心地转动叶片，检查其他的叶片。

步骤 3　如果叶片没有在同一刻度上就要轻轻地将叶架向上或向下弯曲到使每片叶片距顶棚高度都在相同刻度。

步骤 4　调换叶片，调整完成后风扇尚有摇动现象，可依下列方法调整。

① 分别定义风扇的三片叶片为叶片 1、叶片 2、叶片 3。

② 将风扇叶片 1 及 2 取下相互对调，再固定即可。

③ 若摇动未见改善，将叶片 2 及 3 取下，相互对调固定，使风扇摇动减至最低。

学习单元 5　电能表线路维修

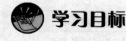

学习目标

➤ 了解电能表的安全要求

➤ 熟悉单相、三相有功电能表的结构与工作原理

➤ 掌握电能表线路的故障检查及处理

➤ 能够进行三相电能表线路的故障处理

 知识要求

一、电能表的安全要求

1. 电能表的选择要使其型号和结构与被测的负荷性质和供电制式相适应。它的电压额定值要与电源电压相适应，电流额定值要与负荷相适应。

2. 要弄清电能表的接线方法，然后再接线。接线一定要细心，接好后仔细检查。如果发生接线错误，轻则造成计量不准或者电表反转，重则导致烧表，甚至危及人身安全。

3. 配用电流互感器时，电流互感器的二次侧在任何情况下都不允许开路。二次侧的一端应做良好的接地。接在电路中的电流互感器如暂时不用时，应将二次侧短路。

4. 对容量在 250 A 及以上的电能表，需加装专用的接线端子，以备校表之用。

二、单相电能表

1. 直接连接

测量单相交流电路的有功电能时，单相电能表的接线如图 2—18 所示。

单相电能表都有专门的接线盒，电压线圈和电流线圈的电源端出厂时已在接线盒中用连接片连好。接线盒内设有四个引出线端钮，如把接线端自左至右编号，为 1、3 端接电源、2、4 端接负载，相线由 1 进2 出，3、4 两端实际上内部是连接

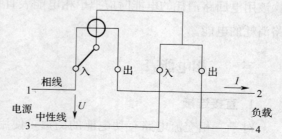

图 2—18 单相电能表的接线图

在一起的，应接零线，如图 2—18 所示。由图可知，单相电能表的接线与功率表相同，即单相电能表的电流线圈与负载串联；电压线圈与负载并联，两个线圈的电源端"★"号端钮连在一起接电源的相线。这种接法适用于低压（220 V）小电流的情况，一般家庭用的单相电能表都是采用这种接法。

2. 间接连接

如果要测量 220 V 低压较大容量的单相有功电能时，负载电流将超过单相电能表的额定电流，此时应通过电流互感器再接入单相电能表。采用电流互感器的单相电能表的接线图如图 2—19 所示。

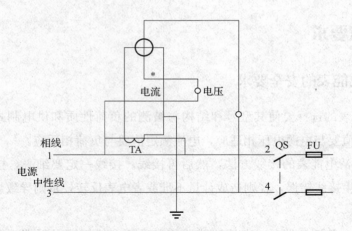

图 2—19 采用电流互感器的单相电能表的接线

电流互感器的一次侧与负载串联，电流互感器的二次侧与单相电能表的电流线圈串联。接入电流互感器时，应注意电流互感器一、二次侧的极性，要保证接入电流互感器后流过单相电能表的电流线圈的相位与单相电能表直接接入电路时一致。单相电能表配用电流互感器，扩大了单相电能表的量程，其读数也要乘以电流互感器的变比才是实际的数值。例如，电流互感器为 100/5，因而选用 5 A 的单相电能表与电流互感器配套，此时就相当于将单相电能表的量程扩大了 20 倍，因而在计算该用电回路消耗的电能时应把单相电能表直接测得的数据乘以 20 才是该用电回路消耗的电能。

三、三相电能表

1. 直接连接

对于三相交流电路有功电能的测量，使用最多的是三相有功电能表，这样可以从刻度上直接读取三相交流电路总有功电能的数值。三相有功电能表可分为三相二元件有功电能表和三相三元件有功电能表，三相二元件有功电能表内部装有两个感应系测量机构，三相三元件有功电能表内部装有三个感应系测量机构。三相二元件有功电能表用于三相三线制电路交流有功电能的测量，三相三元件有功电能表用于三相四线制电路交流有功电能的测量。三相有功电能表接线如图 2—20 所示，图 2—20a 所示为三相二元件有功电能表，图 2—20b 所示为三相三元件有功电能表。

2. 间接连接

对于高电压（如 6 kV、10 kV）、容量较大的三相供电线路，三相电能表一般

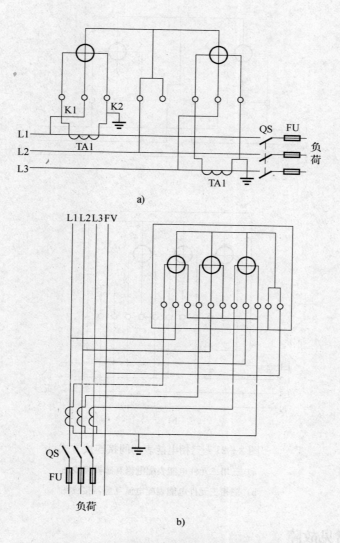

图 2—20　三相电能表的直接连接方式原理图

a) 三相二元件有功电能表　b) 三相三元件有功电能表

采用电压互感器来扩大电压量程，采用电流互感器来扩大电流量程。此时通过电压互感器、电流互感器的三相电能表的接线时也应注意电压互感器、电流互感器一、二次侧的极性，要保证接入电压互感器、电流互感器后流过三相电能表的电压、电流线圈的相位与三相电能表直接接入电路时一致。

与前述一样，与电压互感器和电流互感器配套使用的三相电能表，其读数也要乘以电压互感器与电流互感器的变比才是实际的数值，如图 2—21 所示。

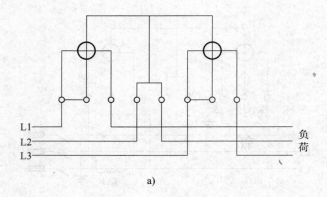

a)

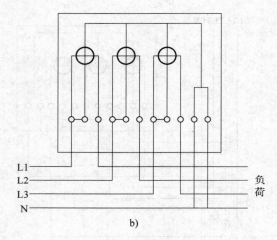

b)

图2—21 三相电能表的间接连接方式

a）三相二元件电能表配电流互感器接线图

b）三相三元件电能表配电流互感器接线图

四、常见故障

以三相电能表为例，常见故障有：

1. 电能表接线端子处无电压。

2. 电流互感器的接线压线不好，二次电流回路开路。

3. 二次电流线路不通。

4. 电压回路与电流回路的接线不同相。

5. 电能表缺少中性线或中性线不通路。

6. 电流互感器变比（倍率）错。

7. 电能表、电流互感器检验周期，误差超出允许范围。

8. 电能表、电流互感器本身烧坏或出现故障。

9. 配电盘接线布局不合理，二次线路紊乱，相互产生电磁感应。

10. 接线错误。

五、电能表的使用注意事项

1. 电能表的选择要合适

电能表的额定电压要与被测电压一致。通常单相交流电路的电源电压为220 V，因而单相电能表的额定电压一般为 220 V。电能表的额定电流要大于被测电路的负载电流，但不能选得过大，否则将使电能表的误差增大。

2. 电能表的接线要正确

电能表的接线，尤其是采用互感器的电能表和三相电能表的接线比较复杂，接线较多，容易接错。因此在电能表的接线时，必须按照图样要求进行接线。接线错误可能会造成电能表的反转，如电压、电流线圈极性接反。应注意的是，电能表出现反转并不一定是接线错误，具体原因要进行分析。

3. 电能表的读数要正确

与电流互感器配套使用的电能表，其读数也要乘以电流互感器的变比才是实际的数值。与电压互感器和电流互感器配套使用的电能表，其读数也要乘以电压互感器与电流互感器的变比才是实际的数值。

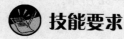 **技能要求**

三相电能表线路故障处理

一、操作要求

利用万用表排除三相电能表线路的各类故障。

二、操作准备

准备内容见表 2—24。

表 2—24　　　　　　　　　　准备内容

序号	名称	规格型号	数量	备注
1	断路器	C65	1个	
2	三相电能表	DS862－4	1套	

序号	名称	规格型号	数量	备注
3	万用表	MF35	1台	
4	电工工具包	32PC	1套	
5	导线		若干	

三、操作步骤

1. 电能表和互感器的检查

（1）测量电能表和互感器的直流电阻值

可在停电时使用万用表的电阻挡位，倍率开关选择"R×10"或"R×1"挡位，分别测量电能表的电压线圈、电流线圈、电流互感器 TA 二次线圈的直流电阻值。因电能表的产品型号不同，电能表电压线圈的阻值也不相同。电流线圈和 TA 二次线圈的电阻值应接近于 0。

（2）电压互感器 TV 的检查

可在计量装置运行中测量电压互感器 TV 二次线圈接线端或电能表电压端子接线端，其电压值应为 100 V（三相三线制）或 $100/\sqrt{3}$ V（三相四线制）。

2. 二次回路的检查

二次回路的检查应对电压回路和电流回路分别检查，如图 2—22 所示。

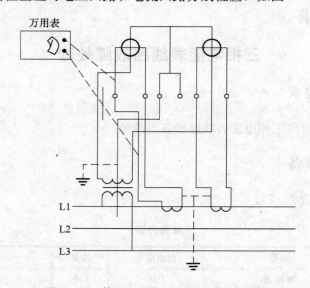

图 2—22　使用万用表对二次回路进行检查

（1）电能表接线端子的电压量值是否正常。

（2）相序是否为正相序。

（3）TV 二次接线端与电能表的接线端的电压相位是否一致。

可用万用表分别测量电能表接线端的某相与 TV 二次接线端某相（低压计量为与其配套的 TA 一次线路）的电压值，如果电压值为 0，说明它们是同相，如果测量的电压值为 100 V（低压计量为 380 V），说明电压相位错。出现差错时，一般从电能表开始到 TV 二次端子的线路分段进行查对。

（4）电流回路的测量

可将电能表电流线路的接线端子拆下或将 TA 二次接线端子拆开（否则电能表或 TA 本身线圈的通路状态将影响测量结果），分别测量各相电流回路的直流电阻。

此电流回路应是通路（阻值很小，一般小于 2 Ω），如果阻值很大或不通路，可能电流二次回路有部位接触不好，或线路迂回（接线错误）；不通路时，则可能是线路断路或接线差错。对此也可在电能表处到 TA 处另外敷设导线，将电能表接线和 TA 接线拆开后逐相、逐根查对电流回路的二次线路。

此方法同样可以用于对电压回路二次线路的逐相查对。

第 4 节　动力控制电路维修

学习单元 1　三相笼型异步电动机启动控制电路维修

学习目标

➤ 熟悉动力控制电路维修步骤

➤ 掌握三相笼型异步电动机启动、点动控制电路调试和故障排除的方法

➤ 能够进行三相笼型异步电动机既能点动又能自锁的正转控制线路的故障排除

 **知识要求**

电气控制线路的形式很多，复杂程度不一，其故障又常常和机械、液压等系统的故障交错在一起，难以分辨。每一条电气控制线路往往由若干电气基本控制环节组成，每个基本控制环节是由若干电气元件组成的，而每个电气元件又由若干零件组成，但故障常常只是由于某个或某几个电气元件、部件或接线有问题而造成的。因此，只要善于学习，善于总结经验，找出规律，掌握正确的维修方法，就一定能迅速、准确地排除故障。

一、动力控制电路维修步骤

1. 精读电气原理图，熟悉安装接线图

电气控制线路是用导线将断路器、接触器、电动机、检测仪表等电气元件连接起来，并实现某种要求的电路。根据电流的大小分为主电路和控制电路，而控制电路的表示方法分为原理图和接线图。原理图是根据工作原理绘制的，接线图是按照电器的实际位置和实际接线用规定的符号画出来的。电气维修人员必须精读电气原理和熟悉电气安装接线图才能很好地完成故障诊断任务。

电动机的控制电路是由一些电气元件按一定的控制关系连接而成的，这种控制关系反映在电气原理图上。为了顺利地安装接线，检查调试和排除线路故障，必须认真阅读原理图。要看懂线路中各电气元件之间的控制关系及连接顺序，分析电路控制动作，以便确定检查电路的步骤与方法。明确电气元件的数目、种类和规格，对于比较复杂的电路，还应看懂是由哪些基本环节组成的，分析这些环节之间的逻辑关系。

原理图是为了方便阅读和分析控制原理而用"展开法"绘制的，并不反映电气元件的结构、体积和实现的安装位置。为了具体安装接线、检查电路和排除故障，必须根据原理图查阅安装接线图。安装接线图中各电气元件的图形符号及文字符号必须与原理图核对，在查阅中做好记录，减少工作失误。

2. 确认故障现象，划定故障范围

（1）故障调查

电路出现故障后切忌盲目乱动，在检修前首先要尽可能详细地调查故障发生的情况。通常采用的故障调查法有：问、听、看、摸、闻。

1）问。询问操作人员故障发生前后电路和设备的运行状况以及发生故障时的现象，如有无异响、冒烟、火花及异常振动；询问故障发生前有无频繁启动、制动、正反转、过载等现象。

2）听。在电路和设备还能勉强运转而又不致扩大故障的前提下，可通电启动运行，倾听有无异响，如果有异响，应尽快判断出发出异响的部位，然后迅速停止。

3）看。如图 2—23 所示，看的内容如下：

① 电气元件外观是否整洁，外壳有无破裂，零部件是否齐全，各接线端子及紧固件有无缺损、锈蚀等现象。

② 电气元件的触头有无烧蚀、熔毁、熔焊粘连变形、氧化锈蚀等现象；触头闭合、分断动作是否灵活，触头开距、超程是否符合要求；接线线头是否松动、脱落；线圈是否发热、烧焦，熔体是否熔断；脱扣器是否脱扣，压力弹簧是否正常；其他电气元件有无烧坏、发热、断线现象；导线连接螺钉是否松动；电动机的转速是否正常。

③ 低压电器的电磁机构和传动部件的运动是否灵活；衔铁有无卡住，吸合位置是否正常等，使用前应清除铁心端面的防锈油。

图 2—23　看

4）摸。刚切断电源后，尽快触摸线圈、触头等容易发热的部分，看温升是否正常。

5）闻。用嗅觉器官检查有无电气元件过热和烧焦产生的异味。

（2）故障分析诊断

通过故障调查，结合电气设备图样初步判断发生故障的部位，分析故障原因。分析时，先从主电路入手，再依次分析各个控制电路，然后分析信号电路及其余辅助电路。通过分析可初步诊断是机械故障还是电气故障，是主电路故障还是控制电路故障。例如，用手旋转电动机传动带轮时，若感觉不正常，说明电动机的机械部分有故障，而电路部分有故障的可能性很小，这时应主要检查机械部分。检查机械部分的故障时，必要时应与机械维修人员共同进行。

（3）断电检查分析

确定了故障范围或故障部位后，为了人身和设备的安全，应先在断开电源的情况下，按照一定的顺序检查。检查时，不要盲目拆卸元器件，否则往往欲速则不达，甚至故障没有找到，慌乱中又导致新的故障发生。

1）检查顺序

① 先检查容易检查的部位，后检查较难检查的部位；先用简单易行的方法检查直观、简单、常见的故障，后用复杂、精确的方法检查难度较高、没有见过和听说过的疑难故障。

② 先查重点怀疑的部位和元件，后查一般部位和一般元件。

③ 先检查电源，后检查负载。因电源侧故障会影响到负载，而负载侧故障未必影响到电源。

④ 先检查控制回路，后检查主回路；先检查交流回路，后检查直流回路；先检查启停电路，后检查可逆运行、调速、制动的电路。

⑤ 先检查电气设备的活动部分，再检查静止部分，因活动部分比静止部分发生故障的概率要高得多。

2）故障分析。如果测得绕组的电阻值不正常，肯定是绕组有短路或断路现象。这时可对测得的电阻值进行分析：

① 若电阻值为无限大，则可能是定子绕组断路或绕组连接线断开。

② 若绕组的电阻值比正常值大，则一般是多支路并联绕组（中等容量以上的电动机）的某支路断路或绕组回路接触不良。

③ 若绕组的电阻值比额定值小，则说明绕组有短路现象。

④ 若绕组的电阻值接近于零，则一般为相绕组头尾相连或严重短路。

（4）电气控制线路断电检查的内容

1）检查熔断器的熔体是否熔断、是否合适以及接触是否良好。

2）检查开关、刀开关、触点、接头是否接触良好。

3）用万用表电阻挡测量有关部位的电阻，用兆欧表测量电气元件和线路对地的绝缘电阻以及相间绝缘电阻（低压电器的绝缘电阻不得小于 $0.5\ \mathrm{M\Omega}$），以判断电路是否有开路、短路和接地现象。

4）检查已经自行更改过的线路及修理过的元件是否正常。

5）检查热继电器是否动作，中间继电器、交流接触器是否卡阻或烧坏。

6）检查转动部分是否灵活。

（5）通电检查分析

通过直接观察无法找到故障点，断电检查仍未找到故障时，可对电气设备进行通电检查。将整个电路划分为几部分，配上合适的熔断器，选用万用表的交流电压挡、校验灯等工具，对各部分分别通电。通电时动作要迅速，尽量减少通电测量和观察的时间。

1）通电检查前要先切断主电路，让电动机停转，尽量使电动机和其所传动的机械部分脱开，将控制器和转换开关置于零位，行程开关还原到正常位置。

2）观察有关继电器和接触器是否按照控制顺序动作。

3）检查各部分的工作情况，看是否有应该动作而没有动作的元件，是否出现接触不良、元件冒烟、熔断器熔体熔断等现象。

4）测量电源电压、接触器和继电器线圈的电压以及各控制回路的电流等数据，从而将故障范围进一步缩小或查出故障。

结合通电检查进行故障分析。如果检查时发现某一接触器不吸合，则说明该接触器所在回路或相关回路有故障；再对该回路做进一步检查，便可发现故障原因和故障点。

（6）机械故障的检查

在电气控制线路中，有些动作是由电信号发出指令，由机械机构执行驱动的。如果机械部分的联锁机构、传动装置及其他动作部分发生故障，即使电路完全正常，设备也不能正常运行。在检修中，要注意机械故障的特征和表现，探索故障发生的规律，找出故障点，并排除故障。图 2—24 所示为正在调整行程开关的位置。检修机械故障一般由机械维修工操作，但需要电工配合。

图 2—24　调整行程开关的位置

（7）综合分析检查

对于较复杂的故障，若经过通电检查仍没能查到故障点，则可结合故障调查、断电检查、通电检查的结果进行综合分析。在分析故障时，考虑电气装置中各组成部分的内在联系，应将各故障现象联系在一起，广开思路，找到较隐蔽的故障。

3. 电气控制线路的检修方法

电气控制线路的常见故障有断路、短路、接地、接线错误和电源故障5种。针对不同的故障，可灵活运用多种方法予以检修。

（1）断路故障

1）断路故障产生的原因

① 电接触材料的改变、接触压力的减小。例如，新的开关触点上一般镀有一层银，经过长时间的磨损，镀层会消失；有的还会在接触面上积有灰尘、油污、氧化物，使接触电阻增大；同时弹簧变形、压力降低都会造成接触不良。

② 接触形式的改变。如果长期使用或修理工艺不正确，则会使接触面不平整或发生位移。比如，从面接触变为了点接触，也会使电接触性能变差。

③ 腐蚀。铜、铝导体直接连接引起电化学腐蚀；环境潮湿，有腐蚀性气体，又会导致或加剧电接触材料的化学腐蚀和电化学腐蚀，使接触电阻增大，有的还会破坏电接触材料的正常导电，产生断路故障。

④ 安装工艺不合格。对不同的电接触类型有不同的安装工艺要求，如导线绞接、压接、螺栓连接时不按工艺要求操作，压接不紧，也会产生接触不良。导线受力点（如导线转弯、导线穿管、导线变截面等部位）在外力的作用下也容易发生断路故障。

2）验电笔检查断路故障

① 用验电笔检查交流电路断路故障的方法。如图2—25所示。例如，在检查

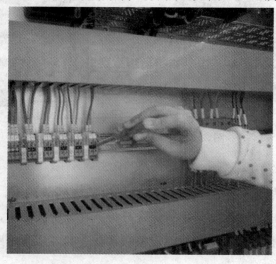

图2—25 用验电笔检查交流电路的断路故障

如图 2—26 所示电路时，按下控制按钮 SB2，用验电笔依次测试 1、2、3、4、5、6 各个点，测到哪点时验电笔不亮，即表示该点为断路处。

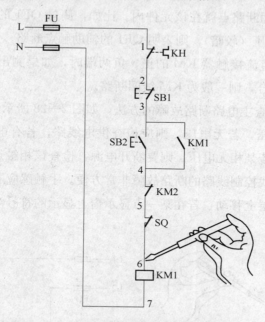

图 2—26　用验电笔检查交流电路的断路故障

② 用验电笔检查直流电路断路故障的方法。如图 2—27 所示，检查时先用验电笔检测直流电源的正、负极，氖管后端（手持端）明亮时为正极，氖管前端明亮时为负极。也可根据亮度判断，正极比负极亮一些。

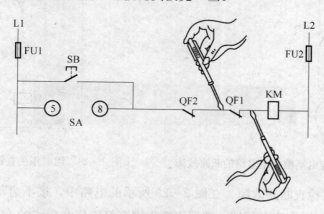

图 2—27　用验电笔检查直流电路的断路故障

确定了正、负极后，根据直流电路中正、负电压的分界点在耗能元件两端的道理，按下按钮 SB，用验电笔先测量耗能元件直流接触器 KM 线圈的两端。若在正极一侧（或负极一侧）测到负电压（或正电压），则说明故障点在正极一侧（或负极一侧）。再逐一对故障段上的元件两端进行测试，若在非耗能元件两端分别测得正、负电压，则说明断路点就在该元件内。比如，测量 QF1 的左端为正电压（较亮），而右端为负电压（较暗），则表明 QF1 的辅助触点断路。

在用验电笔测直流接触器 KM 的正、负两端时，如果测出两端分别是正、负电压，而 KM 不吸合，则一般为 KM 线圈断路。

③ 用验电笔检查主电路断路故障的方法。如图 2—28 所示，用验电笔测量 QF 的上接线柱有无电压，若无电压，则应检查供电线路；若有电压，则可把 QF 合上，测下接线柱。若某相无电压，则要断开电源，检查该相触点的接触情况。用电子式感应验电笔查找控制线路的断路故障非常方便。手触感应断点检测按钮，用笔头沿着线路在绝缘层上移动，若在某一点显示窗上显示的符号消失，则该点就是断点位置。

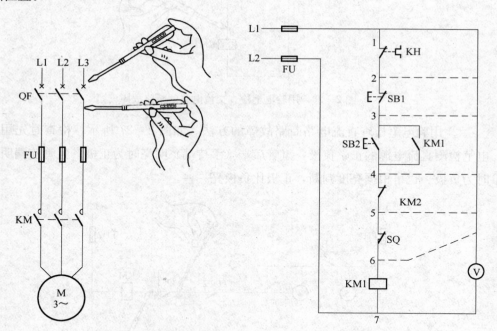

图 2—28　用验电笔检查主电路的断路故障　　图 2—29　用电压法查找断路故障

3）电压法检查断路故障。在图 2—29 所示的电路中，按下启动按钮 SB2，将万用表置于 500 V 交流电压挡，把黑表笔作固定笔固定在相线的 L2 端，以醒目的红表笔作移动笔，并触及控制电路中间位置任一触点的任意一端进行测量。有电压表明该点正常，无电压则说明该点处已经断路。

4）电阻法检查断路故障。如图 2—30 所示，可用万用表的电阻挡测量线路的通断情况。在图 2—31 所示的电路中，按下启动按钮 SB2，接触器 KM1 不吸合，说明该电气回路有断路故障。在查找故障点前，首先把控制电路两端从控制电源上断开，然后将万用表置于 R×1 挡去测量。

图 2—30　用万用表测量线路的通断

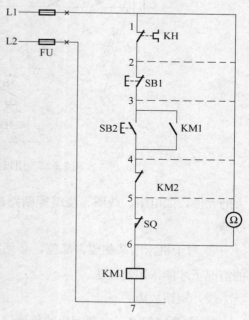

图 2—31　用电阻法查找断路故障

在测量时注意以下事项：

① 用电阻测量法检查故障时，应先断开电源。

② 如果被测电路与其他电路并联，必须将该电路与其他电路断开，否则所测得的电阻值是不准确的。

③ 测量高电阻值的电气元件时，要选择合适的电阻挡。

5）短接法检查断路故障。短接法就是用一根绝缘良好的导线，把所怀疑断路的部位短接，如果在短接过程中电路被接通，就说明该处断路。

图 2—32 所示为使用短接法查找触点故障示意图，短接导线有两根引线，引线端头分别用黑色与红色夹子引出。

用短接法检查故障时应注意以下几点。

① 短接法是用手拿绝缘导线带电操作的，因此一定要注意安全，避免发生触电事故。

② 短接法只适用于检查压降极小的导线和触点之间的断路故障；对于压降较

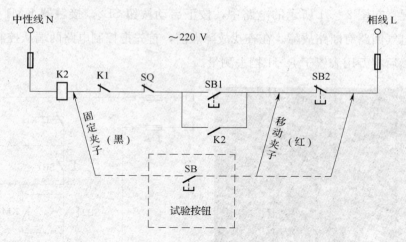

图 2—32　用短接法查找触点故障

大的元件，如电阻、线圈、绕组等断路故障，不能采用短接法，否则会出现短路故障。

　　③ 对于机床的某些要害部位，必须在保障电气设备或机械部位不会出现事故的情况下才能采用短接法。

　　（2）短路故障

　　1）电源间短路。电源间短路故障一般是通过低压电器的触点或连接导线将电源短路而造成的，如图 2—33 所示。行程开关 SQ 中的 2 点与 0 点因某种原因形成连接将电源短路时，其故障现象为电源合上，熔断器 FU 就熔断。

　　2）低压电器触点之间短路。图 2—34 中接触器 KM1 的两个辅助触点 KM1（3—4）和 KM1（7—8）因某种原因短路，其故障现象为当合上电源时，接触器 KM2 立即吸合。

　　3）触点本身短路。通常，回路只有接通和断开两种状态。只有当回路中所有的触点都正常工作时，电路才能正常工作。所以对于较简单的电路，通过分析回路故障时的状态即可查出故障点。图 2—35 所示的为两个按钮同时按下才能使接触器吸合、释放的控制电路。该电路触点本身短路故障的检查方法如下：

　　在该电路中，若按钮 SB3（或 SB4）的触点短路，则只要按下启动按钮 SB4（或 SB3），接触器 KM 就吸合。若 SB3、SB4 触点同时短路，则接通电源后，接触器 KM 就吸合。若停止按钮 SB1（或 SB2）的触点短路，则同时按下停止按钮 SB1 和 SB2，接触器 KM 也不能释放。

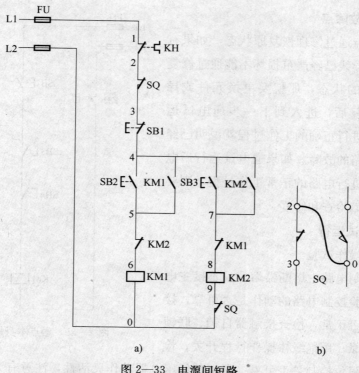

图 2—33　电源间短路

a）电路图　b）SQ 短路

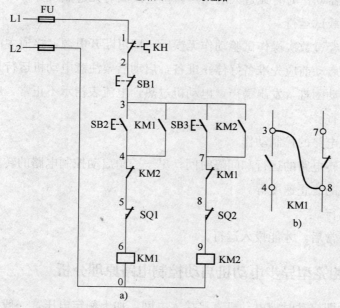

图 2—34　电器触点之间短路

a）电路图　b）KM1 触头短路

4. 修复故障点

把故障点通过修理恢复原状态，如果有的元件或者导线已经严重损坏不能通过修复恢复到原来的状态，那就要更换元件或导线。故障修复后，进入到下一步通电试运行，电路能进行正确的工作过程就说明已经成功排除电路的故障。如果通电试运行后电路仍然不能进行电路的正常工作过程，则要重新进行故障检查和修复。

5. 通电试运行

（1）空操作试验

装好控制电路中熔断器熔体，不接主电路负载，试验控制电路的动作是否可靠，接触器动作是否正常，检查接触器自锁、联锁控制是否可靠；用绝缘棒操作行程开关，检

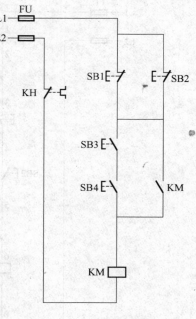

图 2—35　触点本身短路

查其行程及限位控制是否可靠；观察各低压电器动作灵活性，注意有无卡住现象；细听各低压电器动作时有无过大的噪声；检查线圈有无过热及异常气味。

（2）带负载试运行

控制电路经过数次操作试验动作无误后，即可断开电源，接通主电路带负载试运行。电动机启动前应先准备好停止准备，启动后要注意电动机运行是否正常。若发现电动机启动困难，发出噪声，电动机过热，电流表指示不正常，应立即停止断开电源进行检查。

（3）调试电路的控制动作

如定时运转电路的运行和间隔时间；星—三角启动控制电路的转换时间；反接制动控制电路的终止速度等。

（4）试运行

试运行正常后，才能投入运行。

二、三相笼型异步电动机启动控制电路原理分析

直接启动即启动时把电动机直接接入电网，加上额定电压，一般来说，电动机的容量不大于直接供电变压器容量的 20%～30%时，都可以直接启动。

1. 电动机直接启动工作过程

电动机直接启动工作过程如图 2—36 所示。

（1）启动过程

按下启动按钮 SB1，接触器 KM 线圈得电，与 SB1 并联的 KM 的辅助常开触点闭合，以保证松开按钮 SB1 后 KM 线圈持续得电，串联在电动机回路中的 KM 的主触点持续闭合，电动机连续运转，从而实现连续运转控制。

（2）停止过程

按下停止按钮 SB2，接触器 KM 线圈失电，与 SB1 并联的 KM 的辅助常开触点断开，以保证松开按钮 SB2 后 KM 线圈持续失电，串联在电动机回路中的 KM 的主触点持续断开，电动机停转。

（3）自锁

与 SB1 并联的 KM 的辅助常开触点的这种作用称为自锁。图 2—36 所示的控制电路还可实现短路保护、过载保护和零压保护。

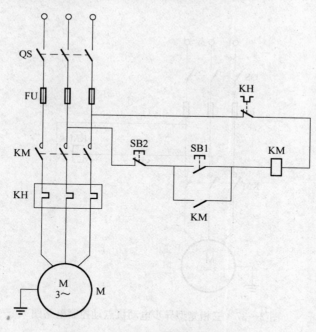

图 2—36 直接启动控制电路图

2. 各种保护功能

（1）起短路保护作用的是串联在主电路中的熔断器 FU

一旦电路发生短路故障，熔体立即熔断，电动机立即停转。

（2）起过载保护作用的是热继电器 KH

当过载时，热继电器的发热元件发热，将其常闭触点断开，使接触器 KM 线圈断电，串联在电动机回路中的 KM 的主触点断开，电动机停转。同时 KM 辅助触点也断开，解除自锁。故障排除后若要重新启动，需按下 KH 的复位按钮，使 KH 的常闭触点复位（闭合）。

（3）起零压（或欠压）保护作用的是接触器 KM 本身

当电源暂时断电或电源电压严重下降时，接触器 KM 线圈的电磁吸力不足，衔铁自行释放，使主、辅触点自行复位，切断电源，电动机停转，同时解除自锁。

三、三相笼型异步电动机点动控制电路原理分析

如图 2—37 所示，合上开关 QS，电源接通至 KM 的上桩头，但电动机还没有得电。按下按钮 SB，接触器 KM 线圈得电，常开主触点接通，电动机接入三相电源，启动运转。松开按钮 SB，接触器 KM 线圈失电，常开主触点断开，电动机因断电而停转。

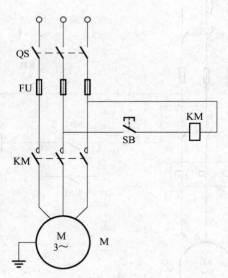

图 2—37　三相笼型异步电动机点动控制电路图

四、常见故障及处理

三相笼型异步电动机既能点动又能自锁的正转控制电路的常见故障及其处理方法见表 2—25。

表 2—25　　　　　　　　　　　常见故障及排除

故障现象	可能的故障原因	故障处理
电动机不转	熔断器熔体熔断	先查找熔断器原因并排除，或更换熔体
	断路器没接通	更新断路器
	接触器不动作	1. 查找控制回路故障并排除 2. 检查线圈故障并排除
电动机缺相	触头接触不良	修复触头，无法修复时更新接触器
	电源缺相	排除电源故障
断路器跳闸	电动机绕组烧毁	修理或更换电动机
	线间短路	逐步排除线间短路
热继电器动作引起停车	热继电器设定值不当	重新调整设定值
	热继电器损坏	更换
	电动机过载	调整负载

技能要求

三相笼型异步电动机既能点动又能自锁的正转控制电路故障排除

一、操作要求

1. 分析电路工作原理。
2. 更换损坏的器件和排除线路的各类故障使电路正常工作。
3. 原电路的安装和接线工艺不能降低。

二、操作准备

准备内容见表 2—26。

表 2—26　　　　　　　　　　　准备内容

序号	名称	规格型号	数量	备注
1	断路器	C65	1个	15 A
2	熔断器	RT18	1套	
3	接触器	CJ10 - 20	1个	
4	热继电器	JR20 - 25	1个	

续表

序号	名称	规格型号	数量	备注
5	按钮	LA42P-11	3个	一常开闭
6	三相笼型异步电动机	Y112M-4	1个	
7	万用表	MF30	1个	
8	电工工具	32PC	1套	验电笔、旋具、尖嘴钳、斜口钳、剥线钳、电工刀等
9	导线		若干	

三、操作步骤

三相笼型异步电动机既能点动又能自锁的正转控制电路原理图如图2—38所示，具体操作步骤如下：

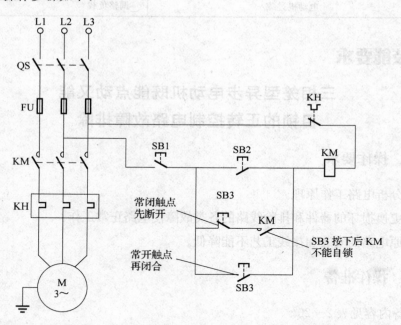

图2—38 三相笼型异步电动机既能点动又能自锁的正转控制电路图

步骤1 万用表选择欧姆挡，并连接在L1、L2两端。

步骤2 闭合开关QS，观察万用表，阻值显示应为无穷大。如果阻值显示为零，则说明电路短路，应认真检查。

步骤3 按下按钮SB2，观察万用表，阻值显示应为一个接触器线圈的电阻值。如果阻值显示为零，则说明控制电路短路，如果阻值显示为无穷大，则说明控制电路开路，应认真检查控制电路。

步骤 4 用旋具按下接触器使其动合触点闭合，观察万用表，阻值显示应为一个接触器线圈的电阻值。如果阻值显示为无穷大，则说明自锁回路开路，应认真检查自锁回路；如果阻值显示为零，则说明主电路短路或自锁触点接错。

步骤 5 重复上述过程，检查 L1、L3 两端和 L2、L3 两端。

 学习单元 2　三相笼型异步电动机的正反转控制电路维修

 学习目标

➤ 掌握三相笼型异步电动机正反转控制电路原理
➤ 掌握三相笼型异步电动机正反转控制电路调试和故障处理方法

 知识要求

一、倒顺开关正反转启动控制电路原理分析及常见故障

1. 工作原理

倒顺开关是一种特殊类型的组合开关，可用于控制电动机的正反转，其外形如图 2—39 所示，接点图如图 2—40 所示，操作点位见表 2—27。采用倒顺开关控制电动机的正反转是最常用最简单的一种方式。

图 2—39　倒顺开关

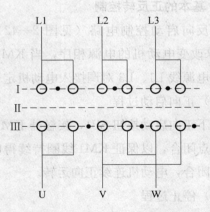

图 2—40　倒顺开关接点示意图

表 2—27　　　　　　　　　　倒顺开关操作点位状况

触点状况	操作位置		
	Ⅰ 正转	Ⅱ 停止	Ⅲ 反转
L1—U	＋	－	＋
L2—V	＋	－	－
L3—W	＋	－	－
L2—W	－	－	＋
L3—V	－	－	＋

注：＋表示接通；－表示断开。

如图 2—41 所示，把开关 Q1 合向"左合"位置，L1 与 U 接通，L2 与 V 接通，L3 与 W 接通，电动机正转；把开关 Q1 合向"断开"位置后，再合向"右合"位置，L1 与 V 接通，L2 与 U 接通，L3 与 W 接通，电动机反转。

2. 常见故障

倒顺开关正反转启动控制电路故障比较简单，主要是倒顺开关触点接触不良、机械机构损坏或接线不良等。

二、按钮接触器双重联锁的正反转控制电路原理分析及常见故障

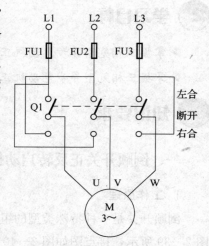

图 2—41　使用倒顺开关控制
电动机正反转主电路图

1. 基本的正反转控制

正反向启动控制电路（见图 2—42）的主电路使用两个交流接触器 KM1、KM2 来改变电动机的电源相序，当 KM1 通电时，使电动机正转，而 KM2 通电时，使电源线 L1、L3 对调接入电动机定子绕组。

（1）正向启动过程

按下正向启动按钮 SB1，接触器 KM1 线圈得电，与 SB1 并联的 KM1 的辅助常开触点闭合，以保证 KM1 线圈持续得电，串联在电动机回路中的 KM1 的主触点持续闭合，电动机连续正向运转。

（2）停止过程

按下停止按钮 SB3，接触器 KM1 线圈失电，与 SB1 并联的 KM1 的辅助触点

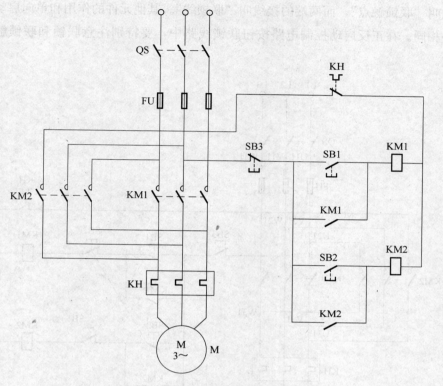

图 2—42　电动机正反转控制电路图

断开，以保证 KM1 线圈持续失电，串联在电动机回路中的 KM1 的主触点持续断开，切断电动机定子电源，电动机停转。

（3）反向启动过程

按下反向启动按钮 SB2，接触器 KM2 线圈得电，与 SB2 并联的 KM2 的辅助常开触点闭合，以保证 KM2 线圈持续得电，串联在电动机回路中的 KM2 的主触点持续闭合，电动机连续反向运转。

缺点：KM1 和 KM2 线圈不能同时得电，因此不能同时按下 SB1 和 SB2，也不能在电动机正转时按下反转启动按钮，或在电动机反转时按下正转启动按钮。如果操作错误，将引起主回路电源短路。

2. 按钮联锁方式控制电路

在图 2—43 所示的控制电路中，正反向启动按钮 SB1、SB2 都具有常开、常闭两对触点的复合式按钮，每个按钮的常闭触点都串联在相反转向的接触器线圈回路中。当操作任意一个启动按钮时，其常闭触点先断开，使其相反转向的接触器失电释放，因而防止两个接触器同时得电动作造成相间短路。每个按钮中起这种作用的触点叫"联锁触点"，而两端的接线叫"联锁线"。其他元件的作用和单向启动控制电路相同。在正反启动控制电路按钮联锁线路中，要特别注意联锁和联锁触点的接线。

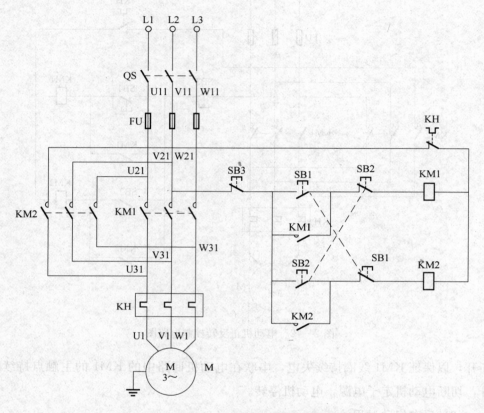

图 2—43　电动机正反向启动按钮连锁电路图

（1）工作状态分析

合上电源开关 QS，接通电源。

1）正向启动过程：

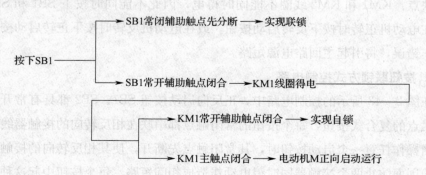

2）反向启动过程：

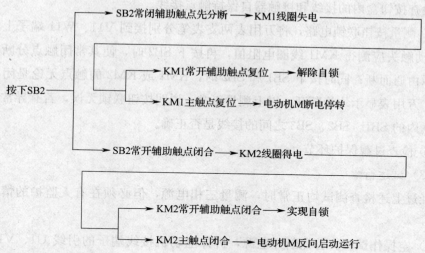

3）停止过程：

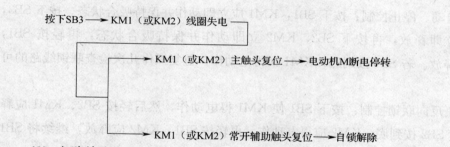

（2）电路检查

用万用表检查，将万用表置于 R×1 电阻挡进行以下测量：

1）测量主电路

① 分别按下接触器 KM1、KM2，将两支表笔分别接在 U11 与 V11、V11 与 W11、W11 与 U11 端子上，将测得电动机绕组之间的电阻。

② 检查电源换相，将两支表笔分别接在 U1 与 U11 的接线端子上，按下 KM1 动触头，测得电阻值 R_0；按下 KM2 动触头，测得的电阻值为电动机两相绕组间的电阻值。同样方法测量 W1 与 W11 之间的通路。

2）测量控制电路

① 将万用表表笔分别接到 V1 与 W1 端子上进行以下的测量。

② 测量启动、停止控制，分别按下 KM1、KM2 的动触头，应测得 KM1、KM2 线圈电阻值；在按下 KM1 或 KM2 动触头的同时，再按 SB3 时，万用表应显示电路由通而断，这说明启动、停止控制线路良好。

181

③ 测量自锁电路，分别按下 KM1、KM2 动触头测线圈的电阻值。若不正常时应检查按钮盒内的接线和接触器自保持触点接线。

④ 测量按钮联锁电路，将万用表两支表笔分别接到 V11、W11 端子上，按下 KM1 动触头应测得 KM1 线圈电阻值，再按下 SB2 时，使其常闭触点分断，万用表显示由通而断；同时按下 SB1 和 SB2 时，KM1 或 KM2 的触点无论是闭合还是断开，万用表显示均为断开。以上测量正常，说明按钮联锁无误，若有异常应检查按钮盒内的 SB1、SB2、SB3 之间的接线是否正确。

⑤ 检查过载保护环节。

（3）试运行

经过上述检查测试均正常时，测量三相电源，但必须在有人监护的情况下试运行。

1）空操作试验。首先断开电源，拆掉电动机接线端子的引线 U1、V1、W1，合上开关 QS 做以下试验：

① 启动、停止控制：按下 SB1，KM1 应立即动作并保持吸合状态。按下 SB3，KM1 应立即释放，再按下 SB2，KM2 立即动作并保持吸合状态，再轻按 SB1，KM2 应释放。若 SB1 按到底，KM1 又得电动作，重复操作几次检查联锁线路的可靠性。

② 正反向联锁控制：按下 SB1 使 KM1 得电动作，然后轻按 SB2、KM1 应释放，继续 SB2 按到底，KM2 应得电动作，再轻按 SB1，KM2 应释放，继续将 SB1 按到底，KM1 又得电动作，重复操作几次检查联锁控制的可靠性。

2）带负载试运行

① 首先断开电源，接上电动机的引线 U1、V1、W1，合上开关 QS。

② 正反向控制：按下 SB1 使电动机正向启动，注意电动机运行有无异常声音。按下 SB3，使 KM1 失电释放，电动机断电，待电动机停止转动后，再按下 SB2 使电动机反向运转，并注意电动机的转向与上次的转向相反。按下 SB3，KM2 线圈失电释放，电动机断电停止运行。

③ 联锁控制：按下 SB1 使电动机正向运行，待电动机到达正常转速后再按下 SB2 使电动机反向启动运行，当电动机达到正常转速后再按下 SB1，查看电动机和控制电路的动作可靠性，但不能频繁操作。

④ 如果同时按下 SB1、SB2，KM1、KM2 都不会得电动作。

3. 辅助触点联锁控制电路

在正反向启动控制电路中，当有一个接触器出现故障触点不能释放时，再操作反转时，此时另一个接触器得电动作会造成电源短路，很不安全。使用接触器辅助触点联锁的正反向控制电路就可以防止这类故障的发生，因此它得到了广泛应用。

如图 2—44 所示，辅助触点联锁的正反向启动控制电路，其主要电路与按钮联锁控制电路完全一样。控制电路中的 SB1、SB2 只使用常开触点进行启动控制，而每个接触器除使用一个常开触点进行自保持外，还将一个常闭触点串联在相反向的接触器线圈回路中，以进行联锁"防止电源短路"。

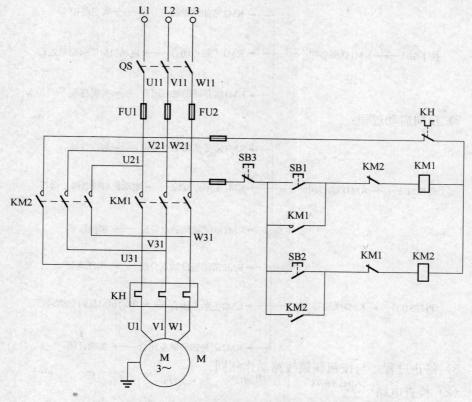

图 2—44　电动机正反向启动控制辅助触点联锁电路图

将接触器 KM1 的辅助常闭触点串入 KM2 的线圈回路中，从而保证在 KM1 线圈得电时 KM2 线圈回路总是断开的；将接触器 KM2 的辅助常闭触点串入 KM1 的线圈回路中，从而保证在 KM2 线圈得电时 KM1 线圈回路总是断开的。这样接触器的辅助常闭触点 KM1 和 KM2 保证了两个接触器线圈不能同时得电，这种控制方式称为互锁或者联锁，这两个辅助常开触点称为互锁或者联锁触点。

缺点：电路在具体操作时，若电动机处于正转状态要反转时，必须先按停止按钮 SB3，使互锁触点 KM1 闭合后按下反转启动按钮 SB2 才能使电动机反转；若电动机处于反转状态要正转时，必须先按停止按钮 SB3，使互锁触点 KM2 闭合后按下正转启动按钮 SB1 才能使电动机正转。

（1）工作过程分析

合上开关 QS、接通电源。

1）正向启动过程：

2）反向启动过程：

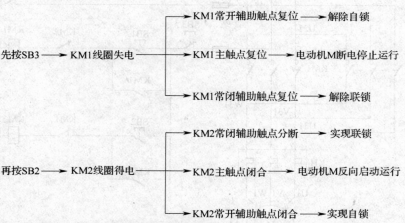

3）停止过程：与按钮联锁线路动作相同。

（2）检查电路

1）对照电路图、接线图中主电路两个接触器的换相线、控制电路的自锁、联锁线，严防接线错误和漏接。

2）检查接线端子的接线是否良好，防止虚接现象。

3）用万用表测量以下线路（万用表拨置在 R×1 挡）

① 正向启动及停止控制：分别按下 KM1，KM2 动触头，测得 KM1，KM2 线圈的电阻值。若同时再按下 SB1，万用表显示线路由通而断。

② 自锁电路的测量，分别按下 KM1，KM2 动触头，测得 KM1，KM2 的线圈电阻值。

③ 联锁电路的测量，按下 KM1 触点测得 KM1 线圈电阻值，同时按下 KM2 触点，使其常闭触点分断，万用表显示由通而断。用同样方法测量 KM1 对 KM2 的联锁作用。

④ 过载保护环节的测量，按上一学习单元过载保护环节的检测方法进行。

（3）试运行

经过上述全面检查测量，确定全部正常后，必须在有人监护的情况下进行试运行。

1）空操作试验，首先断开电源，拆掉电动机连接线 U1、V1、W1。合上电源开关 QS。

2）正反转启动、停止试验，按下 SB1 使 KM1 立即动作并能保持吸合状态，再按下 SB3 使 KM1 释放，按下 SB2 使 KM2 立即动作并能保持吸合状态，再按下 SB3 使 KM2 释放。

3）联锁作用试验，按下 SB1 使 KM1 得电动作并保持吸合状态，再按下 SB2，KM1 不释放，KM2 不动作，再按下 SB3 使 KM1 释放；再按 SB2，使 KM2 吸合，按下 SB1，KM2 不释放，KM1 不动作；再按 SB3，KM2 释放后，按 SB1，KM1 动作吸合。应重复操作几次，检查联锁作用的可靠性。

4. 电气联锁和机械联锁的正反转控制电路

电气联锁和机械联锁的正反转控制电路如图 2—45 所示。

利用按钮的常闭触点实现联锁的正反向控制电路的控制，操作方便，但容易造成短路故障。而辅助触点联锁的正反向控制电路，虽然可以避免接触器故障造成的短路，但是操作不方便，在改变电动机的转向时，必须首先按下停止按钮，不能直接按按钮改变电动机的转向。双重联锁控制线路，能在不操作停止按钮时可以改变电动机的转向，只需要按一下相反转向的按钮，即可完成按钮和辅助触点联锁功能，既方便又安全，是电动机可两个方向运行的理想电路。

（1）双重联锁电路故障诊断

双重联锁的正反向启动控制电路，它的主回路与按钮或辅助触头联锁控制电路完全一样，控制电路中，每个按钮的常闭触点和每个接触器的常闭触头都串联在相反转向的接触器线圈回路里。当任意操作一个按钮时，其常闭触点先打开，而接触器得电动作时，先分断常闭辅助触点，起着双重联锁作用，使相反方向的接触器失电释放。

（2）工作过程分析

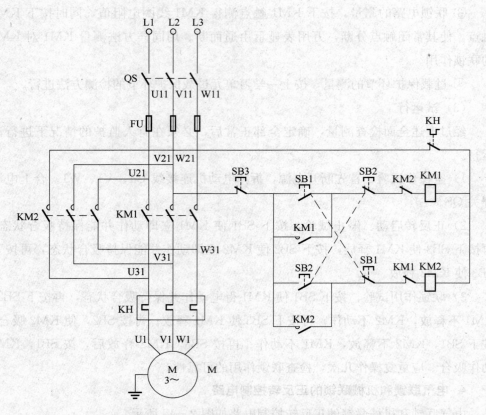

图2—45　具有双重联锁功能的电动机正反转控制电路图

合上电源开关 QS。

1）正向启动过程：

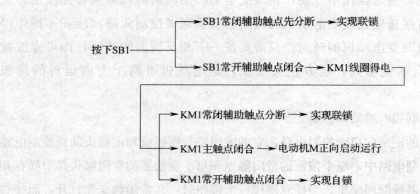

2）反向启动过程：

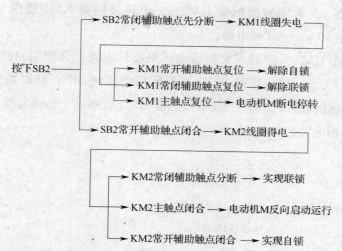

3）停止过程：与按钮联锁电路动作相同。

（3）试运行

1）空操作试验。断开电源，拆掉电动机的连接线 U1、V1、W1。合上电源开关 QS 后，做以下试验：

① 检查正反向启动、自锁、联锁控制电路，交替按下 SB1、SB2，观察 KM1 的控制动作情况是否可靠。

② 检查辅助触头联锁，按下 SB1，KM1 线圈得电动作并自保持，再按 SB2，KM1 立即释放后，KM2 线圈得电动作并自保持，KM1 常闭触点对 KM2 线圈有联锁作用。同样按下 SB2，KM2 线圈得电动作，再按下 SB1，KM2 动作释放后 KM1 线圈得电动作并自保持，KM2 的常闭触点对 KM1 线圈有联锁作用。反复操作几次，重点检查联锁线路工作的可靠性。

2）带负载试运行。断开电源 QS 开关，恢复电动机的接线，将 U1、V1、W1 接好，再合上 QS 电源开关试运行。先按下 SB1，电动机正向启动运行，待电动机达到正常转速后，再按下 SB2，使 KM1 释放，KM2 动作，电动机反向启动运行。交替操作 SB1、SB2 使电动机正反向运行，但操作次数不可过于频繁，防止电动机过载发热。

5. 常见故障及处理方法

下面以电动机正反转控制电路为例，简述电动机控制电路中常见故障的处理方法。

图 2—46 中 KM1 接触器用来接通电动机正转电路，其电动机正转控制回路为：L2 相电源——熔断器 FU——停止按钮 SB3——正转启动按钮 SB1，辅助触头

KM1 闭合自锁——常闭辅助触头 KM2——正转接触器 KM1 线圈——热继电器 KH——熔断器 FU——L3 相电源。

图 2—46 中 KM2 接触器用来接通电动机反转电路，其控制回路为：L2 相电源——熔断器 FU——停止按钮 SB3——反转启动按钮 SB2，辅助触头 KM2 闭合自锁——常闭辅助触头 KM1——反转接触器 KM2 线圈——热继电器 KH——熔断器 FU——L3 相电源。

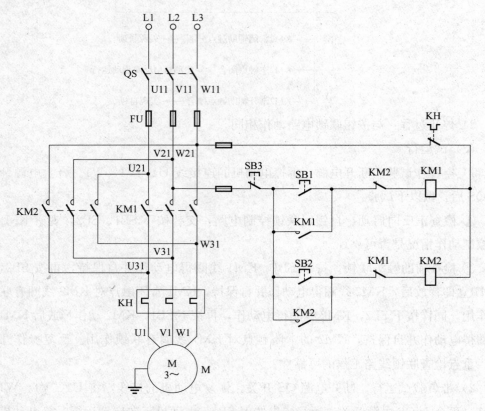

图 2—46　双重联锁控制电动机正反转控制电路图

电动机正反转控制电路的常见故障及其处理方法见表 2—28。

无论是哪一种接线方式，在按下启动按钮时，电动机应做出相应的动作。如果电动机不动作（确定电动机没有损坏，主电源接通），说明接触器没有动作，然后检查接触器线圈两端是否有电压。如果有电压，则是接触器线圈损坏；如果无电压，说明进入接触器线圈回路的接点可能不通；如果接点、连线没有问题，则检查控制电路熔丝是否熔断，如此以电动机动作为前提，提出上一级元件动作的条件，检查条件是否满足，对照接线图逐个元件、逐级进行分析后即可找出故障点。

表 2—28　　　　　　　　电动机正反转控制电路的常见故障及处理方法

故障现象	可能的故障原因	处理方法
按正反转按钮电动机均不能启动	主回路无电或控制电路熔丝断	1. 检查电源是否正常，恢复供电 2. 如熔丝烧毁应更换熔丝
	控制按钮内触点接触不良	修复触点
	正反接触器线圈均损坏	更换接触器或接触器线圈
	电动机损坏	修理或更换电动机
正反点动按钮中，有一只按钮点动失灵	点动按钮常开触点接触不良	修复点动按钮常开触点
	点动按钮的常闭触点接触不良，使之不能有效地切断原自锁线路	修复点动按钮常闭触点
正反转按钮中有一只按钮能控制电动机启动，另一只不能控制	1. 正反转控制按钮中有一只按钮触点接触不良	修复触点
	2. 正反转控制按钮中有一只互锁常开触点接触不良	
	3. 正反转控制按钮中有一只互锁常闭触点接触不良	
	正反转控制按钮中有一只启动按钮与停止按钮间的连线断	接好连线
	正反转控制按钮中有一只接触器线圈已损坏	更换接触器线圈
热继电器动作引起停车	热继电器设定值不当	重新调整设定值
	热继电器损坏	更换
	电动机过载	调整负载

相关链接

1. 异步电动机有两种直接启动方法：直接启动和降压启动。直接启动简单、经济，应尽量采用；电动机容量较大时应采用降压启动以限制启动电流，常用的降压启动方法有星—三角降压启动、自耦变压器降压启动和定子串电阻降压启动等。

2. 了解异步电动机的直接启动和正反转控制电路是控制的基本环节，应掌握它们的工作原理和分析方法，明确自锁和互锁的含义和思想方法。

3. 了解工艺过程及控制要求。

4. 搞清控制系统中各电动机、低压电器的作用以及它们的控制关系。

5. 主电路、控制电路分开阅读或设计。

6. 在控制电路中，根据控制要求按自上而下、从左到右的顺序进行读图或设计。

7. 同一个低压电器的所有线圈、触头不论在什么位置都应标注相同的文字符号。

8. 电路图上所有低压电器，必须按国家统一的符号标注，且均按未通电的正常状态表示。

9. 继电器、接触器的线圈只能并联，不能串联。

10. 控制顺序只能由控制电路实现，不能由主电路实现。

学习单元3　三相交流异步电动机的星—三角启动控制电路的维修

学习目标

➤掌握三相交流异步电动机星—三角启动控制电路原理

➤掌握三相交流异步电动机星—三角启动控制电路调试和故障排除的方法

知识要求

一、按钮、接触器控制星—三角启动控制电路原理分析

按钮控制星—三角启动电路常用于轻载或无载启动的电动机的降压启动控制。由于采用按钮操作，用接触器接通电源改换电动机绕组的接法，因而使用方便，如图2—47所示为按钮控制星—三角启动控制电路原理图。

主电路中 KM1 是电源接触器，它的主触点将三相电源接到电动机 U1、V1、W1 端子上。KM2 是星形接触器，它的主触头端子分别接到电动机 U1、V1、W1 端子，而下端子用导线短接在一起，启动时电动机绕组接成星形，KM3 是三角形

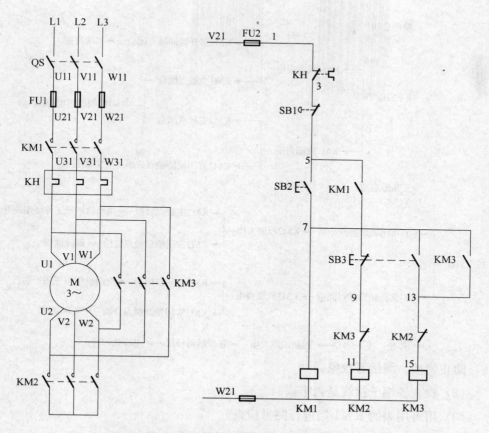

图 2—47 电动机按钮控制星—三角启动控制电路图

接触器，它的主触点将电动机绕组接成三角形。严禁 KM2、KM3 同时得电，否则将造成电源短路故障。

控制电路中使用三个按钮：SB1 控制停车，SB2 控制星形启动，SB3 控制三角形运行。按下 SB2 时 KM1、KM2 线圈同时得电动作，按下 SB3 时先断开 KM2 线圈回路，后接通 KM3 线圈回路，防止 KM3 在 KM2 主触头断开前得电动作。在 KM2、KM3 之间设有辅助触点联锁，防止电源短路。控制电路还可以防止误操作引起电动机启动顺序错误。若未按下 SB2，而直接按下 SB3 进行三角形启动，自锁触点未闭合，控制电路不会接通。

1. 工作过程分析

合上电源开关 QS，接通电源。

2. 检查和测试电路

（1）按照原理图进行接线，并对线路进行核对，重点检查主电路各接触器之间的关系，星形联结的封闭接线，三角形联结的连接接线及控制电路的自锁线、联锁星形启动：

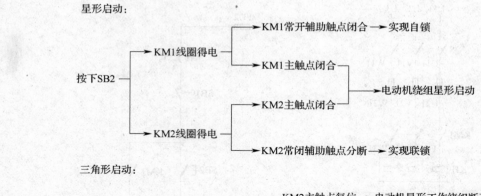

三角形启动：

停止：按下SB1 ⟶ 控制线路失电 ⟶ 各接触器释放 ⟶ 电动机停转

线，防止错接、漏接等现象。

（2）检查各端子接线是否牢固。

（3）用万用表的 R×1 挡进行测量检查

1）检查主电路时，取下 FU2 熔断器，断开控制电路。

① 检查 KM1 控制作用，将万用表的两支表笔分别接到 QS 的下端子 U11 和电动机上的 U1 端子，测量为断路，按下 KM1 触点测量时为通路，再用同样的方法测量 V11 和 V1，W11 和 W1 端子为断路，按下 KM1 触头时测量为通路。

② 检查星形接线启动，将万用表表笔接到 QS 下端子 U11、V11 端，同时按下 KM1、KM2 的触点，测量电动机两相相间绕组的电阻值，同样方法测量 V11、W11 和 W11、U11 端子间的其他两相相间电动机绕组的电阻值。

③ 三角形运行线的检查，将万用表表笔接到 QS 下端子 U11、V11 端，同时按下 KM1、KM3 触点，测量电动机两相绕组串联后再与第三相绕组并联的电阻值。

2）检查控制电路时，首先装好 FU2 熔断器，将万用表表笔接到 QS 下端子 V11、W11 端进行测量。

① 测量星形启动控制时，按下 KM1、KM2 触点，测出两个线圈的并联电阻值，松开后两个接触器触点 KM1、KM2 复位后，再按下 KM1 触点，测出结果与按下两个接触器触头相同，则说明启动线路正常。

② 星—三角形控制电路的检查，同时按下 KM1、KM2 动触点，测出两个线圈并联电阻值后，再按下 SB3 使其常闭触点分断，使万用表显示电阻值增大（为 KM1 线圈电阻值），再将 KM2 触头松开，同时按下 KM1、KM3 触点，测出 KM1 和 KM3 两个线圈的并联电阻值。

③ KM2、KM3 联锁电路的检查，先拆开 KM1 线圈上端子接线，按下 SB2 测出 KM2 线圈电阻值，再同时按下 KM3 触点，使其常闭触点分开，万用表显示由通而断，同时按下 SB2、SB3 测出 KM3 线圈的电阻值，同时轻按下 KM2 触点，使其常闭触点分开，万用表显示电路由通而断。

④ KM3 自锁电路的检查，先拆开线圈上端子接线，按下 SB2，测出 KM2 线圈电阻值，最后恢复 KM1 上端子的接线。

3. 试运行

（1）空操作试验

首先拆掉电动机的连接线 U1、V1、W1。合上电源开关 QS 接通电源，按下 SB2，KM1、KM2 同时动作并保持吸合状态。轻按下 SB3 使其常闭触点分开，KM2 断开释放而 KM1 保持吸合状态。若 SB3 按到底，KM3 通电动作保持吸合状态，按下 SB1 各接触器均释放。重复操作几次检查电路动作的可靠性。

（2）带负载试运行

断开电源开关 QS，恢复电动机的接线，将 U1、V1、W1 接线接牢。并做好立即停车的准备。合上电源开关 QS，按下 SB2，KM1、KM2 同时吸合，电动机全压运行。按下 SB1，各接触器释放，电动机断电停止运行。反复操作几次检查控制电路动作的可靠性。

二、按钮、接触器、时间继电器控制星—三角形启动控制电路原理分析

1. 时间继电器控制星—三角形启动控制电路原理分析

时间继电器控制星—三角形启动控制电路与按钮控制电路基本相同，其主电路完全相同，仅在控制电路中增设一个时间继电器 KT，用来控制电动机绕组星形启动的时间和三角形运行状态的转换，而取消运行控制按钮 SB3，电路可以自动从星形启动转换成三角形运行状态，以防止操作人员忘记进行转换，避免电动机长时间低压运行造成过载。

如图 2—48 所示为时间继电器控制星—三角形启动控制电路原理图，按下启动按钮 SB2，时间继电器 KT 和接触器 KM2 同时通电吸合，KM2 的常开主触点闭合，把定子绕组连接成星形，其常开辅助触点闭合，接通接触器 KM1。

KM1 的常开主触点闭合，将定子接入电源，电动机在星形连接下启动。KM1 的一对常开辅助触点闭合，进行自锁。经一定延时，KT 的常闭触点断开，KM2 断电复位，接触器 KM3 通电吸合。KM3 的常开主触点将定子绕组接成三角形，使电动机在额定电压下正常运行。与按钮 SB1 串联的 KM3 的常闭辅助触点的作用是：当电动机正常运行时，该常闭触点断开，切断了 KT、KM2 的通路，即使误按 SB2，KT 和 KM2 也不会通电，以免影响电路正常运行。若要停车，则按下停止按钮 SB1，接触器 KM1、KM2 同时断电释放，电动机脱离电源停止转动。

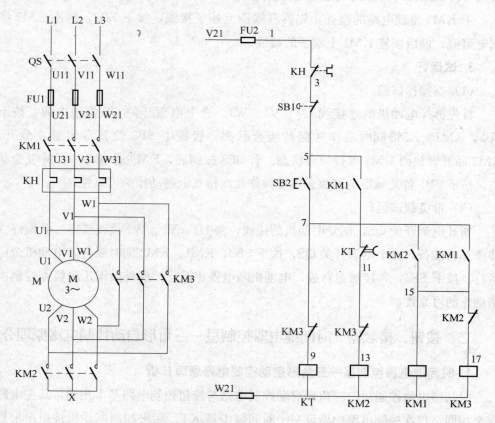

图 2—48　电动机时间继电器控制星—三角形启动控制线路

线路中由接触器 KM2 的常开辅助触头接通电源接触器 KM1 的线圈回路，使 KM2 主触点的闭封星形点先短接后，再使 KM1 接通电源，而 KM2 主触点不操作启动电路，使其电流的容量可以适当减小。在 KM2 与 KM3 之间有辅助触点联锁，防止同时动作造成短路。

2. 工作过程分析

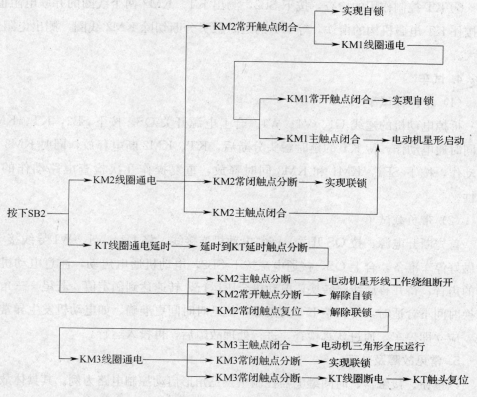

停止：按下SB1 ⟶ 控制线路断电 ⟶ 各接触器释放 ⟶ 电动机断电停转

3. 电路的检查和测量

（1）按照原理图、接线图认真核对电路。

（2）检查各导线压接是否牢固。

（3）用万用表检查与测量电路，将万用表拨到 R×1 挡进行检查。

1）主电路的检查，按按钮转换启动控制电路的方法进行检查。

2）启动控制电路的检查，将万用表表笔接到 QS 下端 V11、W11 端子上做如下测试：

① 启动控制电路，按下 SB2，测出 KT、KM2 两个线圈的并联电阻值；同时按下 KM2 触头，使其常闭触点分开，常开触头闭合，应测出 KT、KM2、KM1 三个线圈并联电阻值。

② 连锁电路的检查，按下 KM1 触点，测出控制电路 4 个电磁线圈的并联电阻值，再轻按下 KM2 触点，使其常闭触点分开，切除 KM3 线圈，测出的电阻值应增大。如按下 SB2 的同时再轻按下 KM3 触头使其常闭触头断开，万用表显示由通

而断现象。

③ KT 控制作用的检查，按下 SB2，测出 KT、KM2 两个线圈的并联电阻值，再按住 KT 电磁机构的衔铁，等 KT 的延时触头分断切除 KM2 线圈，测出电阻值增大。

4. 试车

（1）空操作试车

拆掉电动机的连线 U1、V1、W1。合上电源开关 QS。按下 SB2，KT、KM2 应同时通电动作，待 KT 的延时触头分断后，KT、KM2 断电释放，同时 KM3 通电动作，按下 SB1，KM1 和 KM3 同时释放，重复操作几次检查电路动作的可靠性。

（2）带负载试车

首先断开电源，拉 QS 开关，恢复电动机连接线，将 U1、V1、W1 导线接牢，并做好停车准备，合上 QS，接通电源按下 SB2，电动机通电启动，注意电动机运转的声音，待几秒后线路转换，电动机全压运行，转速达到额定值。若星—三角形转换时间不合适时，可调整 KT 的指针，使延时时间更准确。如电动机发生异常现象，应立即停车，通过认真检查，进行处理故障后，再投入运行。

5. 常见故障及处理

以按钮、接触器、时间继电器控制星—三角形启动控制电路为例。其具体故障排除方法见表 2—29。

表 2—29　　　　　　　　　　常见故障及处理

故障现象	可能的故障原因	故障处理
电动机不能启动	主回路无电或控制线路熔丝断	1. 检查电源是否正常，恢复供电 2. 如熔丝烧毁更换熔丝
	控制按钮内触点接触不良	修复触点
	接触器线圈损坏	更换接触器或接触器线圈
	电动机损坏	修理或更换电动机
转换时发生短路或跳闸	星—三角形转换时，星形接触器主触头断开还没有完全熄弧时，三角形接触器就合上	采用星—三角形启动专用型时间继电器，其动作时，常闭触点断开到常开触点闭合间有固定的 100 ms 左右的时间
	KM2、KM3 的线圈接线松动，然后震动造成 KM2、KM3 动作造成短路	检查并紧固线圈

续表

故障现象	可能的故障原因	故障处理
转换时发生短路或跳闸	是星形接触器（KM2）控制三角形接触器（KM3）的那个常闭点接触不良所造成的	更换接触器或触点
热继电器动作引起停车	热继电器设定值不当	重新调整设定值
	热继电器损坏	更换
	电动机过载	调整负载

 学习单元 4　三相笼型异步电动机电磁抱闸制动控制电路维修

 学习目标

➤ 掌握三相笼型异步电动机电磁抱闸制动控制电路原理

➤ 掌握三相笼型异步电动机电磁抱闸制动控制电路调试和故障处理方法

 知识要求

一、三相笼型异步电动机电磁抱闸制动控制电路原理分析

由于电动机转子惯性的原因，异步电动机从切除电源到停转有一个过程，需要一段时间。为了缩短停车时间、提高生产效率，许多机床（如万能铣床、卧式镗床、组合机床等）都要求能迅速停车和精确定位。这就要求对电动机进行制动，强迫其立即停车。

机床上制动停车的方式有两大类：机械制动和电气制动。机械制动是利用机械或液压制动装置来实现制动的。电气制动是由电动机产生一个与原来旋转方向相反的力矩来实现制动的。机床中常用的电气制动方式有能耗制动和反接制动。

能耗制动的原理是：在切除异步电动机的三相电源之后，立即在定子绕组中接入直流电源，转子切割恒定磁场产生的感应电流与恒定磁场作用产生制动力矩，使电动机高速旋转的动能消耗在转子电路中。当转速降为零时，切除直流电源，制动

过程完毕。能耗制动的优点是：制动准确、平稳、能量消耗小。其缺点是：制动力较小（低速时尤为突出），需要直流电源。能耗制动适用于要求制动准确、平稳的场合，如磨床、龙门刨床及组合机床的主轴定位等。

反接制动是利用改变异步电动机定子绕组上三相电源的相序，使定子产生反向旋转磁场作用于转子而产生强力制动力矩。反接制动时，旋转磁场的相对速度很大，定子电流也很大，因此制动迅速。但在制动过程中有较大冲击，对传动机构有害，能量消耗也较大。此外，在速度继电器动作不可靠时，反接制动还会引起反向再启动。因此反接制动方式常用于不频繁启动、制动时对停车位置无精确要求而传动机构能承受较大冲击的设备中，如铣床、镗床、中型车床主轴的制动。

二、机械制动控制电路

利用机械装置使电动机断开电源后迅速停转的方法称为机械制动。机械制动分为通电制动型和断电制动型两种。

电磁抱闸制动装置由电磁操作机构和弹簧力机械抱闸机构组成，图2—49所示为断电制动型电磁抱闸的结构及其控制电路。

工作时，合上电源开关QS，按下启动按钮SB2后，接触器KM线圈得电自锁，主触点闭合，电磁铁线圈YB通电，衔铁吸合，使制动器的闸瓦和闸轮分开，电动机M启动运转。停车时，按下停止按钮SB1后，接触器KM线圈断电，自锁触点和主触点分断，使电动机和电磁铁线圈YB同时断电，衔铁与铁心分开，在弹簧拉力的作用下闸瓦紧紧抱住闸轮，电动机迅速停转。

三、常见故障及处理

以三相笼型异步电动机电磁抱闸制动控制电路为例，具体故障排除方法见表2—30。

表2—30 常见故障及排除

序号	故障现象	故障分析	故障处理
1	电动机不能启动	同表2—29分析	同表2—29分析
2	热继电器动作引起停车	同表2—29分析	同表2—29分析
3	电动机有电，抱闸不能打开	电磁铁没有得电	排除电路上的问题
		电磁铁线圈损坏	更换电磁铁线圈
4	抱闸不紧或太紧	机械间隙太大或太小	调整机械间隙

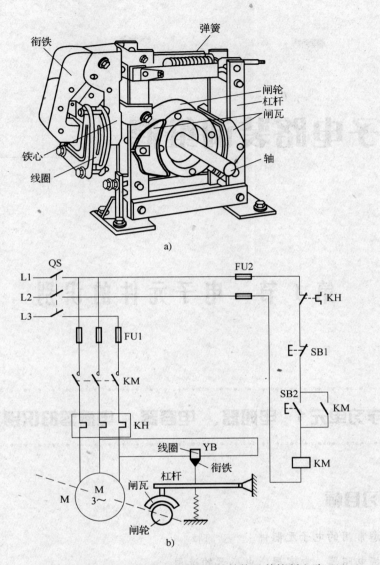

图 2—49 断电制动型电磁抱闸的结构及其控制电路

a）断电制动型电磁抱闸的结构 b）断电制动型电磁抱闸的控制电路

第3章

基本电子电路装调维修

第1节 电子元件的识别

 学习单元1 电阻器、电容器、电感器的识别

 学习目标

➤熟悉常用的电子元器件
➤掌握电阻器、电容器、电感器的选用

 知识要求

一、电阻器的识别

电阻器是电路元件中应用最广泛的一种电路元件，在电子设备中占元件总数的30％以上，其质量的好坏对电路工作的稳定性有极大影响。它的主要用途是稳定和调节电路中的电流和电压，其次还作为分流器分压器和负载使用。

1. 电阻器的型号

电阻器通常称为电阻，它分为固定式电阻器和可变式电阻器（电位器），如图 3—1 所示。它在电路中起分压、分流和限流等作用，是一种应用非常广泛的电子元件。电阻器按组成材料不同可分为碳膜、金属膜、合成膜和线绕等电阻器；按用途不同可分为通用型、精密型等电阻器；按工作性能及电路功能不同可分为固定式电阻器、可变式电阻器和敏感电阻器三大类。

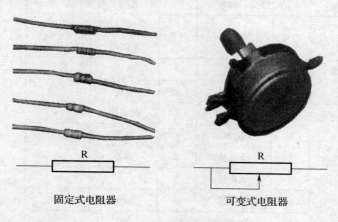

固定式电阻器　　　　可变式电阻器

图 3—1　电阻器外形图

根据相关规定，电阻器的命名一般由下列四部分组成：

第一部分：电阻器的主称，用字母表示。

第二部分：表示电阻器的导电材料，用字母表示。

第三部分：表示电阻器的分类，一般用数字表示，个别类型用字母表示。

第四部分：表示电阻器的序号，用数字表示序号，以区分电阻器的外形尺寸和性能指标。

具体如下所示：

电阻器的型号命名法，具体见表 3—1。

2. 电阻器的主要参数

（1）额定功率

在规定的环境温度和湿度下，假定周围空气不流通，在长期连续负载而不损坏或基本不改变性能的情况下，电阻器上允许消耗的最大功率称为额定功率。为保证安全使用，一般选其额定功率比它在电路中消耗的功率高 1～2 倍。额定功率分 19 个等级，常用的有 0.05 W、0.125 W、0.25 W、0.5 W、1 W、2 W、3 W、5 W、7 W、10 W。在电路图中非线绕电阻器额定功率的符号表示如图 3—2 所示。

表 3—1　　　　　　　　　　　　电阻器的型号命名法

第一部分：主称		第二部分：材料		第三部分：特征分类			第四部分：序号
符号	意义	符号	意义	符号	意义		
					电阻器	电位器	
R	电阻器	T	碳膜	1	普通	普通	
W	电位器	H	合成膜	2	普通	普通	
		S	有机实芯	3	超高频	—	
		N	无机实芯	4	高阻	—	对主称、材料相同，仅性能指标、尺寸大小有差别，但基本不影响互换使用的产品，给予同一序号；若性能指标、尺寸大小明显影响互换时，则在序号后面用大写字母作为区别代号
		J	金属膜	5	高温	—	
		Y	氧化膜	6	—	—	
		C	沉积膜	7	精密	精密	
		I	玻璃釉膜	8	高压	特殊函数	
		P	硼碳膜	9	特殊	特殊	
		U	硅碳膜	G	高功率	—	
		X	线绕	T	可调	—	
		M	压敏	W	—	微调	
		G	光敏	D	—	多圈	
		R	热敏	B	温度补偿用	—	
				C	温度测量用	—	
				P	旁热式	—	
				W	稳压式	—	
				Z	正温度系数	—	

如：RJ71 型的命名含义：R 电阻器；J 金属膜；7 精密；1 序号。

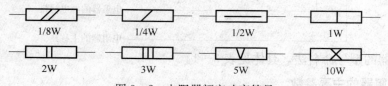

图 3—2　电阻器额定功率符号

（2）标称阻值

产品上标示的阻值称为标称阻值，其单位为欧、千欧、兆欧，标称阻值都应符合下表所列数值乘以 10^N 欧，其中 N 为整数，见表 3—2。

表 3—2　　　　　　　　　　　**标称阻值系列**

允许误差	系列代号	标称阻值系列
5%	E24	1.0　1.1　1.2　1.3　1.5　1.6　1.8　2.0　2.2　2.4　2.7　3.0 3.3　3.6　3.9　4.3　4.7　5.1　5.6　6.2　6.8　7.5　8.2　9.1
10%	E12	1.0　1.2　1.5　1.8　2.2　2.7　3.3　3.9　4.7　5.6　6.8　8.2
20%	E6	1.0　1.5　2.2　3.3　4.7　6.8

（3）允许误差

电阻器实际阻值对于标称阻值的最大允许偏差范围称为允许误差，它表示产品的精度，允许误差的等级见表 3—3。

表 3—3　　　　　　　　　　　**允许误差等级**

级别	005	01	02	I	II	III
允许误差	0.5%	1%	2%	5%	10%	20%

（4）最高工作电压

最高工作电压是指电阻器长期工作不发生过热或电击穿损坏时的电压。如果电压超过规定值，电阻器内部产生火花，引起噪声，甚至损坏。表 3—4 是碳膜电阻的最高工作电压。

表 3—4　　　　　　　　　　　**碳膜电阻的最高工作电压**

额定功率（W）	1/16	1/8	1/4	1/2	1	2
最高工作电压（V）	100	150	350	500	750	1000

（5）稳定性

稳定性是衡量电阻器在外界条件（温度、湿度、电压、时间、负荷性质等）作用下电阻变化的程度。

1）温度系数，表示温度每变化 1℃ 时，电阻器阻值的相对变化量。

2）电压系数，表示电压每变化 1 V 时，电阻器阻值的相对变化量。

（6）噪声电动势

电阻器的噪声电动势在一般电路中可以不考虑，但在弱信号系统中不可忽视。

线绕电阻器的噪声只限于热噪声（分子扰动引起），仅与阻值、温度和外界电压的频带有关。薄膜电阻除了热噪声外，还有电流噪声，这种噪声近似地与外加电压成正比。

（7）高频特性

电阻器在高频条件下使用，要考虑其固有电感和固有电容的影响。这时，电阻器变为一个直流电阻与分布电感串联，然后再与分布电容并联的等效电路，非线绕电阻器的 $L_R=0.01\sim0.05\ \mu H$，$C_R=0.1\sim5\ pF$，线绕电阻器的 L_R 达几十微亨，C_R 达几十皮法，即使是无感绕法的线绕电阻器，L_R 仍有零点几微亨。

3. 电阻器的选用

根据电阻体材料的不同，电阻器可以分为薄膜型、合金型和合成型三类。

（1）薄膜电阻器的选用

1）金属膜电阻器（RJ）。金属膜电阻器的导电膜层为金属或合金材料，性能优良，工作环境温度范围较宽，功率体积比大，有利于设备的小型化。适用于直流、交流和脉冲电路中，额定环境温度为70℃。

2）金属氧化膜电阻器（RY）。金属氧化膜电阻器的导电膜层为金属氧化物，因此，其特点有：耐热性能好，阻值稳定，不易被氧化，故稳定性高。但由于金属氧化物在潮湿环境中，在直流电压的作用下容易还原，所以金属氧化膜电阻器应尽量不用于直流电路中。金属氧化膜电阻器的额定环境温度为70℃。

3）碳膜电阻器（RT）。碳膜电阻器是在真空中利用热分解的方法制造而成的，所以有较高的化学稳定性和较大的电阻率。碳膜电阻器的阻值范围最宽，温度系数为负值，受电压和频率的影响较小，并且价格便宜，所以适用于各种电路。缺点是功率体积比小，因此体积较大。碳膜电阻器的额定环境温度较低，为40℃。

（2）合金电阻器的选用

合金电阻器包括线绕电阻器、合金箔电阻器和块金属电阻器，内部没有接触电阻，因此不存在非线性和电流噪声，温度系数最低，长期稳定性好，可用做精密电阻器和大功率电阻器。

（3）合成电阻器的选用

合成电阻器的电性能指标没有薄膜电阻器好，但其可靠性却优于薄膜电阻器，所以合成电阻器可用于高可靠性要求的设备中。

4. 电阻器的色环判别

小功率碳膜和金属膜电阻器一般都用色环表示电阻器阻值的大小。色环电阻器分为四色环和五色环，颜色的环代表阻值大小，每种颜色代表不同的数字，见表3—5。

表 3—5　　　　　　　　　　　　色环颜色所代表的数字或意义

色别	第一色环 第一位数字	第二色环 第二位数字	第三色环 应乘的数	第四色环 允许偏差
棕	1	1	10	
红	2	2	100	
橙	3	3	1000	
黄	4	4	10 000	
绿	5	5	100 000	
蓝	6	6	1 000 000	
紫	7	7	10 000 000	
灰	8	8	100 000 000	
白	9	9	1 000 000 000	
黑	0	0	1	
金			0.1	±5%
银			0.01	±10%
无色				±20%

（1）在电阻器的一端标以彩色环，电阻器的色标是由左向右排列的，示例电阻为 27 000 Ω±0.5%，其四环电阻如图 3—3 所示。

（2）精密度电阻器的色环标志用五个色环表示。第一至第三色环表示电阻的有效数字，第四色环表示应乘的数，第五色环表示允许偏差，示例电阻为 17.5×（1±1%）Ω，其五环电阻如图 3—4 所示。

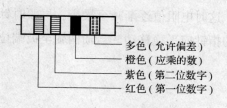

多色（允许偏差）
橙色（应乘的数）
紫色（第二位数字）
红色（第一位数字）

图 3—3　四环电阻

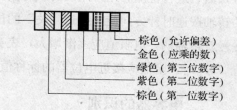

棕色（允许偏差）
金色（应乘的数）
绿色（第三位数字）
紫色（第二位数字）
棕色（第一位数字）

图 3—4　五环电阻

在电路图中电阻器的单位标注规则：阻值在兆欧以上，标注单位 M。比如 1 MΩ，标注 1 M；2.7 MΩ，标注 2.7 M。阻值为 1 kΩ～100 kΩ，标注单位 k。比如 5.1 kΩ，标注 5.1 k；68 kΩ，标注 68 k。阻值为 100 kΩ～1 MΩ，可以标注单位 k，也可以标注单位 M。比如 360 kΩ，可以标注 360 k，也可以标注 0.36 M。阻值在 1 kΩ 以下，可以标注单位 Ω，也可以不标注。比如 5.1 Ω，可以标注 5.1 Ω 或者 5.1；680 Ω，可以标注 680 Ω 或者 680。

5. 电阻器阻值的测量

电阻器可以用万用表进行阻值测量。电阻器的测量如图 3—5 所示。

（1）固定电阻器的测量

将万用表两表笔（不分正负）分别与电阻的两端引脚相接即可测出实际电阻值。为了提高测量精度，应根据被测电阻标称值的大小来选择量程。由于欧姆挡刻度的非线性关系，它的中间一段分度较为精细，因此应使指针指示值尽可能落到刻度的中段位置，即全刻度起始的 20%～80% 弧度范围内，以使测量更准确。根据电阻误差

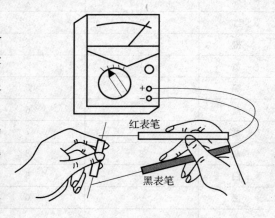

红表笔

黑表笔

图 3—5　电阻器的测量

等级不同。读数与标称阻值之间分别允许有 ±5%、±10% 或 ±20% 的误差。如不相符，超出误差范围，则说明该电阻值变化了。

万用表测量几十千欧以上阻值的电阻时，手不要触及表笔和电阻的导电部分；被测量的电阻从电路中焊下来，至少要焊开一个头，以免电路中的其他元件对测试产生影响，造成测量误差。

（2）电位器的测量

用万用表测试时，先根据被测电位器阻值的大小，选择好万用表的合适电阻挡位，然后进行检测。用万用表的欧姆挡测"1""2"（或"2""3"）两端，将电位器的转轴按逆时针方向旋至接近"关"的位置，这时电阻值逐渐减至最小。再顺时针慢慢旋转轴柄，电阻值应逐渐增大，表头中的指针应平稳移动。当轴柄旋至极端位置"3"时，阻值应接近电位器的标称值。

二、电容器的识别

电容器是一种储能元件，在电路中用于调谐、滤波、耦合、旁路、能量转换和延时。电容器通常叫做电容。按其结构可分为固定电容器、半可变电容器、可变电容器三种。

1. 电容器的型号

国产电容器的型号一般由四个部分组成，其中：第一部分用字母表示主称；第

二部分用字母表示材料；第三部分用数字或字母表示分类特征；第四部分用数字表示序号，对主称、材料、特征都相同的电容器，仅尺寸、性能指标略有差别，但基本上不影响互换的产品，则标以同一序号。如图 3—6 所示电容器外形图。

常用电容器型号的各部分符号及意义见表 3—6。

图 3—6 电容器外形图

表 3—6　　　　　　　　　电容器型号组成、符号及意义

第一部分		第二部分		第三部分					第四部分
字母	意义	字母	意义	数字或字母	意义				序号
					瓷介电容器	云母电容器	有机电容器	电解电容器	
C	电容器	B	聚苯乙烯等非极性有机薄膜（常在"B"后再加字母区分具体材料，如"BB"为聚丙烯）	1	圆形	非密封	非密封	箔式	用数字表示序号，以区分电容器外形尺寸、标称容量、耐压、允许误差等
				2	管形	非密封	非密封	箔式	
				3	叠片	密封	密封	烧结粉非固体	
				4	独石	密封	密封	烧结粉固体	
		L	涤纶等极性有机薄膜（常在"L"后再加字母区分具体材料，如"LS"为聚碳酸酯）	5	穿心		穿心		
				6	支柱等				
				7				无极性	
				8	高压	高压	高压		
		C	高频瓷介	9			特殊	特殊	
		T	低频瓷介	T			叠片		
		D	铝电解	W			微调		
		A	钽电解	J			金属化		
		J	金属化纸介	G			大功率		
		Y	云母	Y			高压		

2. 电容器的标号

电容器的标称容量、允许误差（精度等级）可用数字、字母或色码在电容器上标明，标注方法与电阻器相同。通常电容器的电容量小于 10 000 pF 时，用 pF 做单位，大于 10 000 pF 时，用 μF 做单位。电容器的额定工作电压（耐压）一般直接标注在电容器上。

3. 电容器的主要参数

电容器的主要参数有标称容量与允许偏差、额定工作电压、温度系数、漏电流、绝缘电阻、频率特性和介质损耗等。

（1）电容器的标称容量与允许偏差

标示在电容器上的电容量称作标称容量。电容器的实际容量与标称容量存在一定的偏差，电容器的标称容量与实际容量的允许最大偏差范围称作电容器的允许偏差。电容器的标称容量与实际容量的误差反映了电容器的精度。精度等级与允许偏差的对应关系见表3—7。一般电容器常用Ⅰ、Ⅱ、Ⅲ级，电解电容器用Ⅳ、Ⅴ、Ⅵ级。

表3—7　　　　　　　　电容器的精度等级与允许偏差的对应关系

精度等级	00	0	Ⅰ	Ⅱ	Ⅲ	Ⅳ	Ⅴ	Ⅵ
允许偏差（%）	±1	±2	±5	±10	±20	+20 −10	+50 −20	+50 −30

（2）电容器的额定工作电压

额定工作电压是指电容器在规定的温度范围内，能够连续可靠工作的最高电压，有时又分为额定直流工作电压和额定交流工作电压。额定工作电压的大小与电容器所用介质和环境温度有关。环境温度不同，电容器能承受的最高工作电压也不同。选用电容器时，要根据其工作电压的大小，选择额定工作电压大于实际工作电压的电容器，以保证电容器不被击穿。常用的固定电容器工作电压有6.3 V、10 V、16 V、25 V、50 V、63 V、100 V、400 V、500 V、630 V、1000 V、2500 V。耐压值一般直接标示在电容器上，但有些电解电容的耐压值采用色标法标示，位置靠近正极引出线的根部，所表示的意义见表3—8。

表3—8　　　　　　　　电容器耐压值色标法标示

颜色	黑	棕	红	橙	黄	绿	蓝	紫	灰
耐压	4 V	6.3 V	10 V	16 V	25 V	32 V	40 V	50 V	63 V

（3）电容器的温度系数

温度的变化会引起电容器容量的微小变化，通常用温度系数来表示电容器的这种特性。温度系数是指在一定温度范围内，温度每变化1℃时电容器容量的相对变化值。

（4）电容器的漏电流

电容器的介质并不是绝对绝缘的，总会有些漏电，产生漏电流。一般电解电容器的漏电流比较大，其他电容器的漏电流很小。当漏电流较大时，电容器会发热；

发热严重时，电容器会因过热而损坏。

（5）电容器的绝缘电阻

电容器的绝缘电阻的值等于加在电容器两端的电压与通过电容器的漏电流的比值。电容器的绝缘电阻与电容器的介质材料和面积、引线的材料和长短、制造工艺、温度和湿度等因素有关。对于同一种介质的电容器，电容量越大，绝缘电阻越小。

电容器绝缘电阻的大小和变化会影响电子设备的工作性能，对于一般的电子设备，绝缘电阻越大越好。

（6）电容器的频率特性

频率特性是指电容器对各种不同的频率所表现出的性能（即电容量等电参数随着电路工作频率的变化而变化的特性）。不同介质材料的电容器，其最高工作频率也不同，例如，容量较大的电容器（如电解电容器）只能在低频电路中正常工作，而高频电路中只能使用容量较小的高频瓷介电容器或云母电容器等。

（7）电容器的介质损耗

电容器在电场作用下消耗的能量，通常用损耗功率和电容器的无功功率之比，即损耗角的正切值来表示。损耗角越大，电容器的损耗越大，损耗大的电容器不适于在高频情况下工作。

4. 电容器的选用

常用的电容器按其介质材料可分为电解电容器、云母电容器、瓷介电容器和玻璃釉电容器等。

（1）电解电容器

电解电容器又分为铝电解电容器和钽电解电容器。如图 3—7 所示为电解电容器外形图。

铝电解电容器是由铝圆筒做负极，里面装有液体电解质，插入一片弯曲的铝带做正极制成的，还需要经过直流电压处理，使正极片上形成一层氧化膜做介质。其特点是容量大、漏电流大、精度低、稳定性差。常用于交流旁路电路和滤波电路，也可用于要求不高的信号耦合电路。铝电解电容器有正、负极之分，使用时不能接反。

钽电解电容器是由金属钽做正极，用稀硫酸等配液做负极，用钽表面生成的氧化膜做介质制成的。它的特点是体积小、容量大、性能稳定、寿命长、绝缘电阻大、温度特性好。常用在要求较高的设备中。

（2）云母电容器

铝电解电容器　　　　　　　　钽电解电容器

图3—7　电解电容器外形图

　　云母电容器是由金属箔或在云母片上喷涂银层做电极板，极板和云母一层一层叠合后，再压铸在胶木粉或封固在环氧树脂中制成的。它的特点是介质损耗小，绝缘电阻大、温度系数小，适宜用于高频电路，可作为去耦、旁路等用。由于云母电容器内部结构上的缺陷，其寿命较短，一般情况下应尽量用瓷介电容器取代云母电容器。如图3—8所示为云母电容器外形图。

图3—8　云母电容器外形图

　　（3）瓷介电容器

　　瓷介电容器是用陶瓷做介质，在陶瓷基体两面喷涂银层，然后烧成银质薄膜做极板制成的。它的特点是体积小、耐热性好、损耗小、绝缘电阻高，但容量小，常用于要求电容量稳定和温度补偿电路中，适宜用于高频电阻。瓷介电容器外形图如图3—9所示。

　　（4）玻璃釉电容器

　　玻璃釉电容器以玻璃釉做介质，具有瓷介电容器的优点，且体积更小，耐高温。玻璃釉电容器外形图如图3—10所示。

图3—9　瓷介电容器外形图　　　图3—10　玻璃釉电容器外形图

　　（5）纸介质电容器

　　纸介质电容器的优点是成本低，缺点是容易老化、热稳定性差，主要用于直流和低频电路中。纸介质电容器外形图如图3—11所示。

（6）涤纶薄膜电容器

涤纶薄膜电容器的电容量较大、电压范围比较宽，是应用较广的电容器。但是其电参数随温度和频率变化较大，所以多用于频率较低的电路中。涤纶薄膜电容器外形图如图 3—12 所示。

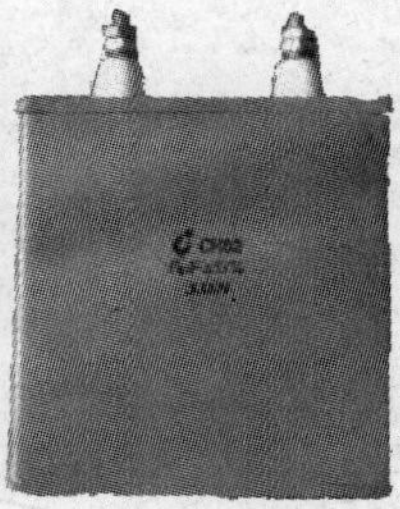

（7）聚碳酸酯薄膜电容器

聚碳酸酯薄膜电容器的主要优点是能在较高的温度和温度交变的条件下稳定工作，工作温度范围为 $-55 \sim +125℃$，可用于交流和高频电路中。聚碳酸酯薄膜电容器外形图如图 3—13 所示。

图 3—11　纸介质电容器外形图

图 3—12　涤纶薄膜电容器外形图

图 3—13　聚碳酸酯薄膜电容器外形图

5. 电容器性能和好坏的判别

电容器的质量好坏主要表现在电容量和漏电电阻。可用万用表对电容器进行定性质量检测的方法。

电容器的异常主要表现为失效、短路、断路、漏电等几种，下面具体介绍固定电容器（非电解电容器）漏电电阻的测量。

根据电容器的充放电原理，可用万用表 R×1 k 或 R×10 k 挡（视电容器的容量而定）测量。测量时，将两表笔分别接触电容器（容量大于 0.01 μF）的两引线，如图 3—14 所示。

此时，表针会迅速地顺时针方向跳动或偏转，然后再按逆时针方向逐渐退回到"∞"处。如果回不到"∞"，则表针稳定后所指的读数就是该电容器的漏电电阻值。一般，电容器的漏电电阻很大，约几百到几千兆欧。漏电电阻越大，则电容器的绝缘性能越好。若阻值比上述数据小得多，则说明电容器严重漏电，不能使用；若表针稳定后靠近"0"处，说明电容器内部短路；若表针毫无反应，始终停在"∞"处，说明电容器内部开路。

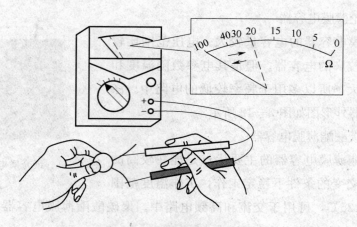

图3—14　电容器漏电电阻的测量

6. 电解电容器极性的判别

可用万用表的电阻挡测量电解电容器极性，如图3—15所示。只有电解电容的正极接电源正（电阻挡时的黑表笔），负端接电源负（电阻挡时的红表笔）时，电解电容的漏电流才小（漏电电阻大）。反之，则电解电容的漏电流增加（漏电电阻减小）。

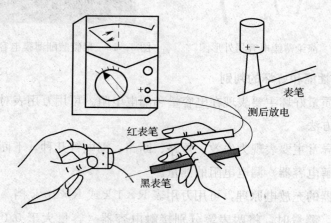

图3—15　万用表测量电解电容器极性

测量时，先假定某极为"＋"极，让其与万用表的黑表笔相接，另一电极与万用表的红表笔相接，记下表针停止的刻度（表针靠左阻值大），然后将电容器放电（即两根引线碰一下），两只表笔对调，重新进行测量。两次测量中，表针最后停留的位置靠左（阻值大）的那次，黑表笔接的就是电解电容的正极。测量时最好选用 R×100 或 R×1 k 挡。

三、电感器的识别

电感器是能够把电能转化为磁能而存储起来的元件。电感器的结构类似于变压器，但只有一个绕组。电感器具有一定的电感，它只阻止电流的变化。如果电感器中没有电流通过，则阻止电流流过；如果有电流流过，则电路断开时它将试图维持电流不变。电感器又称扼流器、电抗器、动态电抗器。

电感器在电子线路中应用广泛，是实现振荡、调谐、耦合、滤波、延迟、偏转的主要元件之一。为了增加电感量、提高品质因数并缩小体积，常在线圈中插入磁心。在高频电子设备中，印制电路板上一段特殊形状的铜皮也可以构成一个电感器，通常把这种电感器称为印制电感或微带线。在电子设备中，经常可以看到有许多磁环与连接电缆构成一个电感器（电缆中的导线在磁环上绕几圈作为电感线圈），它是电子电路中常用的抗干扰元件，对于高频噪声有很好的屏蔽作用，故称为吸收磁环，由于通常使用铁氧体材料制成，所以又称铁氧体磁环（简称磁环）。

1. 电感器的型号

（1）电感器种类

电感器种类很多，一般常根据其结构来分，如图3—16 所示为电感器外形图。

1）单层线圈。单层线圈的电感量较小，一般在几个微亨至几十个微亨之间。单层线圈一般使用在高频电路中。为了提高线圈的品质因数，单层线圈的骨架常使用介质损耗小的陶瓷和聚苯乙烯材料制作。

图 3—16　电感器外形图

单层线圈可以采用密绕和间绕。间绕的线圈每匝间都相距一定的距离，所以分布电容小。对于电感量大于 15 μH 的线圈，应采用密绕法制作，密绕法单层线圈就是将导线一圈挨一圈地绕在骨架上。密绕法制作的单层线圈虽可在较小的尺寸下获得较大的电感量，但其线圈分布电容较大。

另外，对于有些对稳定性要求较高的电路，还应采用被银的方法将银直接被覆在膨胀系数很小的瓷骨架表面制成温度系数很小的高稳定性线圈。

没有骨架的单层线圈需采用脱胎法绕制。首先将导线密绕在螺旋骨架上，然后取出骨架即成，导线间的间距可根据需要拉开。这种绕法的线圈分布电容小，但只要改变导线间的距离，电感就要发生变化。

在高频大电流的电路中，为了减少集肤效应的影响，线圈常用铜管绕制。

2）多层线圈。当电感量大于 300 μH 时，就应采用多层线圈。除了匝和匝之间的分布电容外，多层线圈层与层之间也有分布电容，因此多层线圈存在着分布电容大的缺点。同时层与层之间的电压相差较多，当线圈两端有高电压时，容易造成层间绝缘击穿。为了防止这种现象的发生，常将线圈分段绕制。这样既可解决分布电容大的问题，也提高了线圈的抗压能力。

3) 蜂房线圈。多层线圈的缺点是分布电容大，采用蜂房方法绕制的线圈可以减小多层绕制线圈的分布电容。

所谓的蜂房式绕制方法，就是将被绕制的导线以一定的偏转角（约 19°～25°）在骨架上缠绕，绕制一般都是在自动或半自动蜂房式绕线机上进行的。对于电感量较大的线圈，可以采用两个、三个或更多个蜂房线圈将它们分段绕制。

4) 带磁心的线圈。为了提高线圈的电感量和品质因数，常在线圈中加入铁粉芯或铁氧体磁心。加入磁心的线圈还可以减小线圈的体积，减少损耗和分布电容。如果调整磁心在线圈中的位置，还可以对电感量进行调节。由于以上的优点，许多线圈都加有磁心，它们的形状也是各式各样的。

（2）电感器的型号命名

电感器的型号命名由三部分组成：

第一部分用字母表示电感线圈的主称。

第二部分用字母与数字混合或数字来表示电感量。

第三部分用字母表示误差范围。

电感器各部分含义见表 3—9。

表 3—9　　　　　　　　　　　　电感器各部分含义

第一部分：主称		第二部分：电感量			第三部分：误差范围	
字母	含义	数字与字母	数字	含义	字母	含义
L 或 PL	电感线圈	2R2	2.2	2.2 μH	J	±5%
		100	10	10 μH	K	±10%
		101	100	100 μH		
		102	1000	1 mH	M	±20%
		103	10 000	10 mH		

2. 电感器的主要参数

电感器的主要参数有电感量、允许偏差、品质因数、分布电容及额定电流等。

（1）电感量

电感量也称自感系数，是表示电感器产生自感应能力的一个物理量。

电感器电感量的大小，主要取决于线圈的圈数（匝数）、绕制方式、有无磁心及磁心的材料等。通常，线圈圈数越多、绕制的线圈越密集，电感量就越大。有磁心的线圈比无磁心的线圈电感量大；磁心磁导率越大的线圈，电感量也越大。

电感量的基本单位是亨利（简称亨），用字母"H"表示。常用的单位还有毫亨（mH）和微亨（μH），它们之间的关系是：

1 H＝1000 mH

1 mH＝1000 μH

（2）允许偏差

允许偏差是指电感器上标称的电感量与实际电感的允许误差值。一般用于振荡或滤波等电路中的电感器要求精度较高，允许偏差为±0.2％～±0.5％；而用于耦合、高频阻流等线圈的精度要求不高，允许偏差为±10％～±15％。

（3）品质因数

品质因数也称值或优值，是衡量电感器质量的主要参数。它是指电感器在某一频率的交流电压下工作时，所呈现的感抗与其等效损耗电阻之比。电感器的值越高，其损耗越小，效率越高。

电感器品质因数的高低与线圈导线的直流电阻、线圈骨架的介质损耗及铁心、屏蔽罩等引起的损耗等有关。

（4）分布电容

分布电容是指线圈的匝与匝之间、线圈与磁心之间存在的电容。电感器的分布电容越小，其稳定性越好。

（5）额定电流

额定电流是指电感器正常工作时所允许通过的最大电流值。若工作电流超过额定电流，则电感器就会因发热而使性能参数发生改变，甚至还会因过流而烧毁。

3. 电感器的选用

选用电感器时应注意其性能、工作频率是否符合电路要求，并应注意正确使用，防止接线错误和损坏。对于有现成产品可以选用的电感器，应检查其电感量是否与允许范围相符。大部分电感线圈要根据电路要求进行制作，对于电感量过大或过小的线圈，可以通过减小或增大匝数来达到要求值；对于品质因数达不到要求的电感线圈，应从减小损耗的角度出发，用加粗导线等方法去提高其品质因数。在要求损耗小的高频电路中，应选用高频损耗小的高频瓷做骨架；在要求较低的场合，可用塑料、胶木等材料做骨架，虽然损耗大些，但价格低、重量轻、制作方便。电感线圈在使用中应注意防潮绝缘处理。

4. 电感器的判断

（1）标注方法

1）直标法。在电感线圈的外壳上直接用数字和文字标出电感线圈的电感量、允许误差及最大工作电流等主要参数，如图3—17所示。

2）色标法。即用色环表示电感量，单位为mH，第一二位表示有效数字，第三位表示倍率，第四位为误差，如图3—18所示。电感器色环颜色所代表的数字或意义见表3—10。

 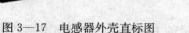

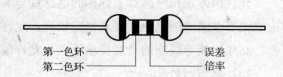

第一色环 —— 误差
第二色环 —— 倍率

图3—17　电感器外壳直标图　　　　图3—18　电感器外壳色标图

表3—10　　　　　　　　　电感器色环颜色所代表的数字或意义

色标	标称电感量		倍率	误差
	第一色环	第二色环		
黑	0		1	±20%
棕	1		10	—
红	2		100	—
橙	3		1000	—
黄	4		—	—
绿	5		—	—
蓝	6		—	—
紫	7		—	—
灰	8		—	—
白	9		—	—
金	—		0.1	±5%
银	—		0.01	±10%

（2）电感测量

将万用表拨到蜂鸣二极管挡，把表笔放在电感器两引脚上，看万用表的读数。

（3）好坏判断

用万用表电阻挡测量电感器阻值的大小。若被测电感器的阻值为零，说明电感器内部绕组有短路故障。注意操作时一定要将万用表调零，反复测试几次。若被测电感器阻值为无穷大，说明电感器的绕组或引出脚与绕组接点处发生了断路故障。对于电感线圈匝数较多、线径较细的线圈读数会达到几十甚至几百，通常情况下线圈的直流电阻只有几欧姆。损坏表现为发烫或电感磁环明显损坏，若电感线圈不是严重损坏，而又无法确定时，可用电感表测量其电感量或用替换法来判断。万用表测量电感器如图 3—19 所示。

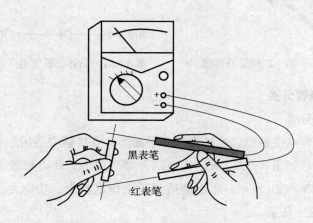

图 3—19　万用表测量电感器

学习单元 2　半导体二极管、三极管的识别

学习目标

➢掌握二极管的工作特性
➢掌握三极管的放大特性

知识要求

一、二极管

晶体二极管也称半导体二极管，二极管外形图如图 3—20 所示。

晶体二极管是在 PN 结上加接触电极、引线和管壳封装而成的。其电路符号如图 3—21 所示。

阳极 a ○———▷|———○ k 阴极

图 3—20 二极管外形图　　　　图 3—21 晶体二极管电路符号

1. 晶体二极管分类

（1）按结构分类

按结构可分为点接触型、面结合型和平面型。点接触型适用于工作电流小、工作频率高的场合，如图 3—22a 所示；面结合型适用于工作电流较大、工作频率较低的场合，如图 3—22b 所示；平面型适用于工作电流大、功率大、工作频率低的场合，如图 3—22c 所示。

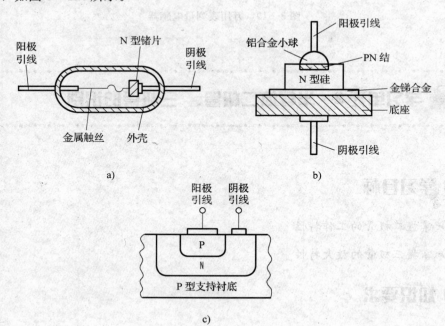

图 3—22 二极管结构图

a）二极管点接触型　b）二极管面结合型　c）二极管平面型

（2）按使用的半导体材料分类

按使用的半导体材料分为硅二极管和锗二极管。

（3）按用途分类

按用途分为普通二极管、整流二极管、检波二极管、混频二极管、稳压二极管、开关二极管、光敏二极管、变容二极管、光电二极管等。

2. 晶体二极管的伏安特性

二极管是由一个 PN 结构成的，它的主要特性就是单向导电性，通常主要用它的伏安特性来表示。

二极管的伏安特性是指流过二极管的电流与加于二极管两端的电压之间的关系或曲线。用逐点测量的方法测绘出来或用晶体管图示仪显示出来的 $U-I$ 曲线，称二极管的伏安特性曲线。如图 3—23 所示是二极管的伏安特性曲线示意图。

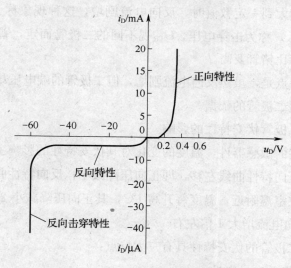

图 3—23　二极管的伏安特性曲线示意图

（1）正向特性

如图 3—23 所示，当所加的正向电压为零时，电流为零；当正向电压较小时，由于外电场远不足以克服 PN 结内电场对多数载流子扩散运动所造成的阻力，故正向电流很小（几乎为零），二极管呈现出较大的电阻。这段曲线称为死区。

当正向电压升高到一定值 U_{th} 以后，内电场显著减弱，正向电流才有明显增加。U_{th} 称为门坎电压或死区电压。U_{th} 视二极管材料和温度的不同而不同，常温下，硅管一般为 0.5 V 左右，锗管为 0.1 V 左右。在实际应用中，常把正向特性较直部分延长交于横轴的一点，定为门坎电压 U_{th} 的值。

当正向电压大于 U_{th} 以后，正向电流随正向电压线性增长。把正向电流随正向电压线性增长时所对应的正向电压，称为二极管的导通电压，用 V_F 来表示。通常，硅管的导通电压为 $0.6 \sim 0.8$ V（一般取为 0.7 V），锗管的导通电压为 $0.1 \sim 0.3$ V（一般取为 0.2 V）。

（2）反向特性

当二极管两端外加反向电压时，PN 结内电场进一步增强，使扩散更难进行。这时只有少数载流子在反向电压作用下的漂移运动形成微弱的反向电流 I_R。反向电流很小，且几乎不随反向电压的增大而增大（在一定的范围内）。但反向电流是温度的函数，将随温度的变化而变化。常温下，小功率硅管的反向电流在 nA 数量级，锗管的反向电流在 μA 数量级。

（3）反向击穿特性

当反向电压增大到一定数值时，反向电流剧增，这种现象称为二极管的击穿，U_{BR}（或用 V_B 表示）称为击穿电压，U_{BR} 视不同的二极管而定，普通二极管一般在几十伏以上且硅管比锗管要高。

击穿特性的特点是，虽然反向电流剧增，但二极管的端电压却变化很小，这一特点成为制作稳压二极管的依据。

（4）温度对二极管伏安特性的影响

二极管是温度的敏感器件，温度的变化对其伏安特性的影响主要表现为：随着温度的升高，其正向特性曲线左移，即正向压降减小；反向特性曲线下移，即反向电流增大。一般在室温附近，温度每升高 1℃，其正向压降减小 $2 \sim 2.5$ mV；温度每升高 10℃，反向电流增大 1 倍左右。

综上所述，二极管的伏安特性具有三大特点：

1）二极管具有单向导电性。

2）二极管的伏安特性具有非线性。

3）二极管的伏安特性与温度有关。

3. 二极管的主要参数

不同类型的二极管有不同的特性参数。

（1）额定正向工作电流 I_F

额定正向工作电流是指二极管长期连续工作时允许通过的最大正向电流值。因为电流通过二极管时会使管芯发热，温度上升，温度超过容许限度（硅管为 140℃左右，锗管为 90℃左右）时，就会使管芯过热而损坏。所以，二极管使用时不要超过二极管额定正向工作电流值。例如，常用的 1N4001～1N4007 型锗二极管的额定正向工作电流为 1 A。

（2）最大反向工作电压 V_R

加在二极管两端的反向电压大到一定值时，会将二极管击穿，失去单向导电能力。为了保证使用安全，规定了最大反向工作电压值。例如，1N4001 二极管反向耐压为 50 V，1N4007 反向耐压为 1000 V。

（3）反向电流 I_R

反向电流是指二极管在规定的温度和最大反向电压作用下，流过二极管的反向电流。反向电流越小，管子的单向导电性能越好。值得注意的是反向电流与温度有着密切的关系，大约温度每升高 10℃，反向电流增大一倍。例如，2AP1 型锗二极管，在 25℃时反向电流若为 250 μA，温度升高到 35℃，反向电流将上升到 500 μA，依此类推，在 75℃时，它的反向电流已达 8 mA，不仅失去了单向导电特性，还会使二极管过热而损坏。又如，2CP10 型硅二极管，25℃时反向电流仅为 5 μA，温度升高到 75℃时，反向电流也不过 160 μA。故硅二极管比锗二极管在高温下具有较好的稳定性。

（4）正向电压降 V_F

二极管通过额定正向电流时，在两极间所产生的电压降。

（5）最大整流电流（平均值）I_{OM}

在半波整流连续工作的情况下，允许的最大半波电流的平均值。

（6）正向反向峰值电压 V_{RM}

二极管正常工作时所允许的反向电压峰值。

（7）结电容 C

电容包括电容和扩散电容，在高频场合下使用时，要求结电容小于某一规定数值。

（8）最高工作频率 F_M

二极管具有单向导电性的最高交流信号的频率。

4. 二极管的性能判别

用万用表 R×100 或 R×1k 挡测量二极管的正反向电阻，如图 3—24 所示。

锗点接触型的 2AP 型二极管正向电阻在 1 kΩ 左右，反向电阻应在 100 kΩ 以上；硅面接触型的二极管正向电阻在 5 kΩ 左右，反相电阻应在 1000 kΩ 以上。总之，正向电阻越小越好，反向电阻越大越好。但若正向电阻太大或反相电阻太小，表明二极管的检波与整流效率不高。若正向电阻无穷大（表针不动），说明二极管内部断路；若反相电阻接近零，表明二极管已击穿。内部断路或击穿的二极管均不

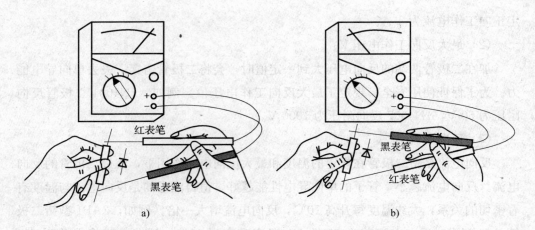

图 3—24 二极管的简易测试

a）正向接法 b）反向接法

能使用。以上测量方法只对普通二极管有效，对于一些变容二极管等特殊二极管测量时需另行对待。

5. 二极管的极性判别

二极管的极性判别方法有三种：

（1）看外壳上的符号标记

通常在二极管的外壳上标有二极管的符号。标有色道（一般黑壳二极管为银白色标记，玻壳二极管为黑色银白或红色标记）的一端为负极，另一端为正极。

（2）透过玻璃看触针

对于点接触型玻璃外壳二极管，如果标记已磨掉，则可将外壳上的漆层（黑色或白色）轻轻刮掉一点，透过玻璃看哪头是金属触针，哪头是 N 型锗片。有金属触针的那头就是正极。

（3）用万用表 R×100 或 R×1 k 挡

任意测量二极管的两根引线，如果量出的电阻只有几百欧姆（正向电阻），则黑表笔（即万用表内电池正极）所接引线为正极，红表笔（即万用表内电源负极）所接引线为负极。

6. 二极管使用注意事项

（1）选用整流二极管时

选用整流二极管时，应注意两个主要参数：

1）最大正向电流。它表示二极管允许通过的最大电流值，由材料的材质和接触面积决定。当电流超过这个允许值时，二极管将因过度发热而损坏。

2) 最大反向电压。它表示二极管能够允许的反向电流剧增时的反向电压值。当二极管工作在最大反向电压时，应采取限流措施，否则二极管将被击穿。

（2）选用稳压二极管时

选用稳压二极管时，选用的管子应符合稳压值的要求。同时还要保证在负载电流最小时，稳压管的功耗不超过其额定功耗。另外，稳压二极管的稳压特性受温度影响很大，所以，在精密稳压电路中，应选用温度系数小的管子。

二、三极管

三极管（又称晶体管或半导体三极管）是一种重要的半导体器件。它对电流有放大作用。三极管的结构如图 3—25 所示，图 3—25a 是 NPN 型管，图 3—25b 是 PNP 型管，它们是用不同的掺杂方式制成的，不论是硅管还是锗管，都可以制成这两个类型。它们有三个区，分别称为发射区、基区和集电区。由三个区各引出一个电极，分别为发射极、基极和集电极，发射区和基区之间的 PN 结称为发射结，集电区和基区之间的 PN 结称为集电结。三极管制造工艺的特点是：发射区的掺杂浓度高，基区很薄且掺杂浓度低，集电结的面积大，这些是保证三极管具有电流放大作用的内部条件。

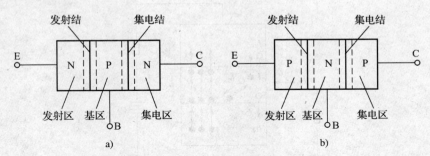

图 3—25　三极管的结构图
a) NPN 型管　b) PNP 型管

三极管的电路符号如图 3—26 所示，箭头方向表示发射结正偏时发射极电流的实际方向。

1. 三极管的电流放大作用

（1）三极管处于放大状态的工作条件

为了使三极管具有放大作用，除了要具备内部条件外，还必须具备适当的外部条件，即外加电压保证发射结正向偏置，集电结反向偏置；对于 NPN 管来说，要求 $U_B > U_E$，$U_C > U_B$；对于 PNP 管来说，则要求 $U_B < U_E$、$U_C < U_B$。

（2）三极管内部载流子的运动规律

图 3—27 是一个简单的放大电路，由于输入和输出回路以发射极为公共端，所以称为共发射极电路（共射电路）。

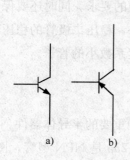
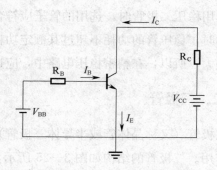

图 3—26　三极管的电路符号　　　　　图 3—27　基本共射放大电路

a) NPN 管　b) PNP 管

下面就以这种 NPN 管共射电路为例，通过分析晶体管内部载流子的运动情况和电流分配关系，讲明三极管的放大原理。图 3—28 为三极管内部载流子的运动图。

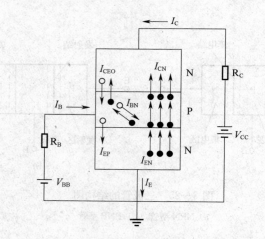

图 3—28　三极管内部载流子的运动

1）发射区向基区发射电子的过程。由于发射结正偏，发射区的多子电子不断地越过发射结扩散到基区，并不断地由电源向发射区补充电子，形成发射极电子电流 I_{EN}；同时基区的多子空穴也会扩散到发射区，形成基区空穴电流 I_{EP}，这两个电流的实际方向相同，这两种电流之和构成三极管发射极电流 I_E。由于基区空穴的浓度远低于发射区中电子的浓度，所以 I_{EP} 很小，一般可以忽略。

2）电子在基区扩散和复合的过程。电子到达基区后，在靠近发射结一侧的电子浓度最高，离发射结越远浓度越低。于是电子要继续向集电结方向扩散。在扩散过程中有部分电子与基区的空穴复合而消失，这样形成了基极复合电流 I_{BN}。由于基区很薄且空穴的浓度很低，所以只有一小部分电子与空穴复合，而绝大部分电子能扩散到集电结的边沿。因此 I_{BN} 很小，它基本上等于基极电流 I_B。

3）集电区收集电子的过程。由于集电结反向偏置，有利于少子的漂移，所以基区扩散到集电结边沿的电子在电场的作用下很容易漂移过集电结，到达集电区，这样就形成了集电极电子电流 I_{CN}，由上述分析可以得出结论 $I_{CN} = I_{EN} - I_{BN}$，通常 $I_{EN} \gg I_{BN}$，因此，常用 $I_{CN} = I_{EN}$。

4）集电极的反向电流 I_{CBO}。集电区和基区的少子在集电结反向电压作用下，也要向对方漂移，形成反向饱和电流 I_{CBO}，由于该电流是由少子形成的，所以它的数值很小，通常可以忽略，但它受温度的影响很大，易使三极管工作不稳定，所以制造时应设法减小它。

综上所述，三个电极上的电流关系分别表示为：

$$I_E = I_{EN} + I_{EP} \approx I_{EN} = I_{CN} + I_{BN}$$

$$I_C = I_{CN} + I_{CBO}$$

$$I_B = I_{EP} + I_{BN} - I_{CBO} \approx I_{BN} - I_{CBO}$$

（3）三极管的电流分配关系

1）I_C、I_E、I_B 间的关系。

$$I_E = I_{EN} + I_{EP} = I_{CN} + I_{BN} + I_{EP} = (I_C - I_{CBO}) + (I_B + I_{CBO}) = I_C + I_B$$

上式说明，发射极电流等于集电极电流和基极电流之和。

2）I_C 与 I_B 间的关系。由前面的分析可知，发射区注入基区的电子，绝大部分扩散到达集电区，形成 I_{CN}，只有很小一部分与基区的空穴复合，形成 I_{BN}。这种扩散和复合的比例是由三极管内部结构所决定的，三极管制好后，这个比例就确定了。定义

$$\bar{\beta} = \frac{I_{CN}}{I_{BN}}$$

$$\bar{\beta} = \frac{I_C - I_{CBO}}{I_B + I_{CBO}} \approx \frac{I_C}{I_B}$$

式中　$\bar{\beta}$——三极管共发射极直流电流放大系数。

上式表示了三极管内部固有的电流分配规律，即发射区每向基区注入一个复合用的载流子，就要向集电区供给 $\bar{\beta}$ 个载流子。同时它也表示了基极电流对集电极电流的控制能力，所以，通常讲三极管是电流控制器件。

3）I_E 和 I_B 的关系。

$$I_E = I_C + I_B \approx (1+\bar{\beta})I_B$$

2. 三极管的输入输出特性

三极管的极间电压和电流之间的关系常用三极管特性图示仪测出，用输入和输出两组特性曲线来表示。图 3—29 所示为基本共射电路的输入特性曲线。

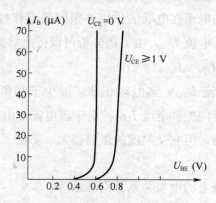

图 3—29　三极管共射输入特性曲线

（1）输入特性曲线

三极管的共射特性曲线表示了以 U_{CE} 为参考变量时，I_B 和 U_{BE} 间的关系，即 $i_B = f(U_{BE})\,|_{U_{CE}=常数}$。

图 3—29 是一个 NPN 管的输入特性曲线图。下面分 3 种情况来讨论：

1）$U_{CE}=0$ V 时，b、e 间加正向电压。此时发射结和集电结均正偏，相当于两个二极管正向并联的特性。

2）$U_{CE}\geqslant 1$ V 时，集电极的电位比基极高，集电结反偏，此时集电结收集电子的能力已接近极限，以至于 U_{CE} 再增加，I_B 也不再明显减少，即输入特性曲线基本不再右移，可近似认为 $U_{CE}\geqslant 1$ V 时的输入特性曲线重合。

3）U_{CE} 在 0～1 V 之间时，输入特性曲线在图示的两条特性曲线之间，随 U_{CE} 的增加右移。

总之，三极管的输入特性曲线与二极管的正向特性相似。

（2）输出特性曲线

三极管的共射输出特性曲线表示以 I_B 为参变量时，I_C 和 U_{CE} 间的关系。即

$$i_C = f(U_{CE})\,|_{I_B=常数}$$

图 3—30 所示是一个 NPN 管的共射输出特性曲线图，可以看到三极管的工作状态可以分为三个区域。

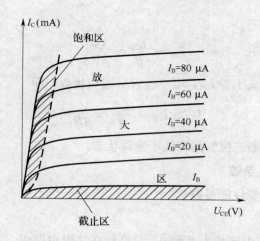

图 3—30　三极管共射输出特性曲线

1）截止区。一般将输出特性曲线 $I_B \leqslant 0$ 的区域称为截止区，这时 $I_B \approx 0$，$I_C \approx 0$，$U_{CE} \approx V_{CC}$，三极管呈截止状态，相当于一个开关断开。对于 NPN 硅型管，当 $U_{BE} \leqslant 0.5\,V$ 时三极管已截止，但为了可靠截止，通常认为 $U_{BE} \leqslant 0\,V$ 时，发射结反偏，三极管截止。对于 PNP 管，当 $U_{BE} \geqslant 0.1\,V$ 时，可以说发射结反偏，三极管截止。

2）放大区。发射结正偏、集电结反偏的区域称放大区，也就是曲线近似水平的部分。它的特点是：（1）I_C 的大小受 I_B 的控制，且 $\Delta I_C \gg \Delta I_B$。（2）各条曲线近似水平，$I_C$ 与 U_{CE} 的变化基本无关，近似恒流特性，说明三极管在放大区相当于一个受控恒流源，具有较大的动态电阻 $r_{CE} = \dfrac{\Delta U_{CE}}{\Delta I_C}\bigg|_{\Delta I_B=0}$；（3）随着 U_{CE} 的增加，曲线有些上翘。这是由于 U_{CE} 增加后，基区有效宽度变窄，使电子和空穴在基区复合的机会减小。也就是说维持相同的 I_C 所需的 I_B 将较少，这样在保证 I_B 不变时，I_C 将略有增加。

3）饱和区。曲线的直线上升和弯曲部分是饱和区。当 $U_{CE} < U_{BE}$ 时，集电结正偏，内电场减弱。这样不利于集电区收集从发射区到达基区的电子，使得在相同 I_B 时，I_C 的数值比放大状态下要小。通常把 $U_{CE} = U_{BE}$ 称为临界饱和。饱和时 C、E 间电压记做 $U_{CE(SAT)}$，深度饱和时 $U_{CE(SAT)}$ 很小，小功率管通常小于 0.3 V，相当于一个接通的开关。

临界饱和时的集电极电流

$$I_{CS} = \frac{V_{CC} - U_{CE(SAT)}}{R_C} \approx \frac{V_{CC}}{R_C}$$

对应的基极电流

$$I_{BS} = \frac{I_{CS}}{\beta} \approx \frac{V_{CC}}{\beta R_C}$$

若此时的基极电流 $I_B > I_{BS}$，则三极管呈饱和状态，即

$$I_B > I_{BS} = \frac{I_{CS}}{\beta} \approx \frac{V_{CC}}{\beta R_C}$$

上式常被用来判断三极管是否处于饱和状态。

3. 三极管的主要参数

（1）三极管的主要性能参数

1）电流放大系数

① 共发射极直流电流放大系数 $\bar{\beta}$。它是指在共射电路中，在静态时，U_{CE} 一定的情况下，三极管的集电极电流与基极电流的比值，即

$$\bar{\beta} = \frac{I_C}{I_B}$$

式中　$\bar{\beta}$——在手册中用 h_{FE} 表示。

② 共发射极交流电流放大系数 β。在共射电路中，U_{CE} 一定的情况下，集电极电流变化量 ΔI_C 与基极电流变化量 ΔI_B 的比值，即

$$\beta = \frac{\Delta I_{CE}}{\Delta I_B}$$

式中　β——在手册中用 h_{fe} 表示。

在 I_E 的一个较大范围内，$\bar{\beta} \approx \beta$，以后我们常利用这种近似关系进行计算。

2）极间反向饱和电流

① 集电极-基极反向饱和电流 I_{CBO}。指发射极断开时，集电极和基极之间的反向饱和电流，它是由集电区和基区的少数载流子的漂移运动所形成的，其值很小，受温度的影响较大。可以通过图 3—31 所示电路测量。

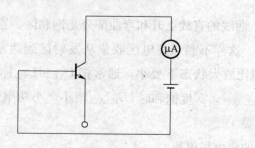

图 3—31　测 I_{CBO} 的电路

② 集电极-发射极反向饱和电流 I_{CEO}。指基极开路、集电结反偏和发射结正偏时的集电极电流，称穿透电流，它是 I_{CBO} 的（$1+\bar{\beta}$）倍，因此，I_{CEO} 受温度的影响更严重，故而，在选用三极管时，要选用 I_{CEO} 小的管子，且 β 值也不宜太大。

极间反向饱和电流是衡量三极管质量好坏的重要参数，其值越小，三极管工作越稳定。实际工作中硅管比锗管稳定，应用较多。

（2）三极管的主要极限参数

1）集电极最大允许功耗 P_{CM}。指集电极允许消耗的最大功率。三极管所消耗的功率 $P_C = I_C \times U_{CE}$。这个参数决定于管子的温升，使用时不能超过，而且要注意散热条件（三极管使用的上限温度，硅管约为 150℃，锗管约为 70℃），实际使用时，若 $P_C > P_{CM}$，就会使三极管的性能变坏或烧毁。

2）集电极最大允许电流 I_{CM}。在 I_C 的一个很大范围内，β 值基本不变。但当 I_C 超过一定数值后，β 将明显下降，此时的 I_C 值就是 I_{CM}。当 $I_C > I_{CM}$ 时，三极管并不一定会损坏。

3）反向击穿电压

① 集电极开路时，发射极和基极间的反向击穿电压 $U_{BR(EBO)}$。这是发射结所允许加的最高反向电压，超过这个极限发射结将会击穿。

② 发射极开路时，集电极和基极间的反向击穿电压 $U_{BR(CBO)}$。这是集电结所允许加的最高反向电压，一般三极管的此值为几十伏，高反压管可达几百伏甚至上千伏。

③ 基极开路时，集电极和发射极间的反向击穿电压 $U_{BR(CEO)}$。

4. 三极管管型的判别

三极管管型一般从管壳上标注的型号来辨别是 NPN 还是 PNP。依照部颁标准，三极管型号的第二位（字母），A、C 表示 PNP 管，B、D 表示 NPN 管，例如：

3AX 为 PNP 型低频小功率管；3BX 为 NPN 型低频小功率管；

3CG 为 PNP 型高频小功率管；3DG 为 NPN 型高频小功率管；

3AD 为 PNP 型低频大功率管；3DD 为 NPN 型低频大功率管；

3CA 为 PNP 型高频大功率管；3DA 为 NPN 型高频大功率管。

此外还有国际流行的 9011～9018 系列高频小功率管，除 9012 和 9015 为 PNP 型管外，其余均为 NPN 型管。

5. 三极管管脚的判别

（1）外形判别

常用中小功率三极管有金属圆壳和塑料封装（半柱型）等外型，如图3—32所示为典型的外形和管极排列方式。

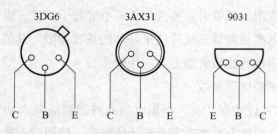

图3—32 常用三极管外形和管极排列

（2）用万用表电阻挡判别

三极管内部有两个PN结，可用万用表电阻挡分辨E、B、C三个极。在型号标注模糊的情况下，也可用此法判别管型，如图3—33所示。

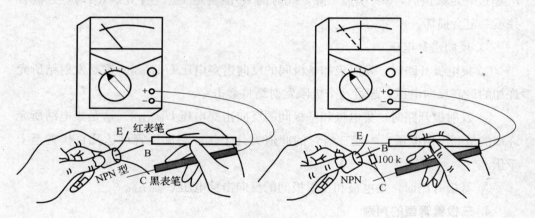

图3—33 用万用表判别三极管

1）基极的判别。判别管极时应首先确认基极。对于NPN管，用黑表笔接假定的基极，用红表笔分别接触另外两个极，若测得电阻都小，约为几百欧至几千欧；而将黑、红两表笔对调，测得电阻均较大，在几百千欧以上，此时黑表笔接的就是基极。PNP管，情况正相反，测量时两个PN结都正偏的情况下，红表笔接基极。

实际上，小功率管的基极一般排列在三个管脚的中间，可用上述方法，分别将黑、红表笔接基极，既可测定三极管的两个PN结是否完好（与二极管PN结的测量方法一样），又可确认管型。

2）集电极和发射极的判别。确定基极后，假设余下管脚之一为集电极C，另一为发射极E，用手指分别捏住C极与B极（即用手指代替基极电阻R_B）。同时，将万用表两表笔分别与 C、E 接触，若被测管为 NPN，则用黑表笔接触 C 极、用红表笔接 E 极（PNP 管相反），观察指针偏转角度；然后再设另一管脚为 C 极，重复以上过程，比较两次测量指针的偏转角度，大的一次表明 I_c 大，管子处于放大状态，相应假设的 C、E 极正确。

3）三极管的性能测量。用万用表电阻挡测 I_{CEO} 和 β：基极开路，万用表黑表笔接 NPN 管的集电极 C、红表笔接发射极 E（PNP 管相反），此时 C、E 间电阻值大则表明 I_{CEO} 小，电阻值小则表明 I_{CEO} 大。用手指代替基极电阻 R_B，用上法测 C、E 间电阻，若阻值比基极开路时小得多则表明 β 值大。

用万用表 h_{FE} 挡测 β：有的万用表有 h_{FE} 挡，按表上规定的极型插入三极管即可测得电流放大系数 β，若 β 很小或为零，表明三极管已损坏，可用电阻挡分别测两个 PN 结，确认是否有击穿或断路。

6. 三极管的选用及注意事项

选用三极管一要符合设备及电路的要求，二要符合节约的原则。根据用途的不同，一般应考虑以下几个因素：工作频率、集电极电流、耗散功率、电流放大系数、反向击穿电压、稳定性及饱和压降等。

低频管的特征频率一般在 2.5 MHz 以下，而高频管的特征频率都从几十兆赫到几百兆赫甚至更高。选管时应使特征频率为工作频率的 3～10 倍。原则上讲，高频管可以代换低频管，但是高频管的功率一般都比较小，动态范围窄，在代换时应注意功率条件。

一般希望 β 选大一些，但也不是越大越好。β 太大了容易引起自激振荡，何况一般 β 大的三极管工作多不稳定，受温度影响大。通常 β 多选 40～100 之间，但低噪声大 β 值的三极管（如 1815、9011～9015 等），β 值达数百时温度稳定性仍较好。另外，对整个电路来说还应该从各级的配合来选择 β。比如前级用 β 大的，后级就可以用 β 较小的三极管；反之，前级用 β 较小的，后级就可以用 β 较大的三极管。

集电极—发射极反向击穿电压 U_{CEO} 应选择大于电源电压。穿透电流越小，对温度的稳定性越好。普通硅管的稳定性比锗管好得多，但普通硅管的饱和压降较锗管为大，在某些电路中会影响电路的性能，应根据电路的具体情况选用，选用晶体管的耗散功率时应根据不同电路的要求留有一定的余量。

对高频放大、中频放大、振荡器等电路用的晶体管，应选用特征频率 f_T 高、极间电容较小的晶体管，以保证在高频情况下仍有较高的功率增益和稳定性。

第2节 电子焊接作业

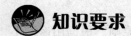

学习目标

➤ 了解电烙铁的类型和使用方法
➤ 掌握焊料及焊剂的概念
➤ 掌握焊接和导线上锡的方法
➤ 能够进行导线及电子元器件焊接

知识要求

一、电烙铁概述

1. 电烙铁常见类型

电烙铁由烙铁头、加热体和手柄三个部分组成。常用的电烙铁有外热式和内热式两种。另外还有既不易损坏元器件，又能方便吸去焊点上焊锡的吸锡电烙铁，还有恒温电烙铁，它具有省电、焊料不易氧化和烙铁头不易"烧死"等优点，并能减少虚焊，以保证焊件质量和防止损坏元器件。电烙铁的规格以所消耗的电功率来表示，要根据焊接对象，合理选择电烙铁的功率大小。常用的电烙铁功率有20 W、30 W、50 W、100 W等。

（1）外热式电烙铁

外热式电烙铁一般由烙铁头、烙铁芯、外壳、手柄、插头等部分组成。外热式电烙铁如图3—34所示。烙铁头安装在烙铁芯内，用以热传导性好的铜为基体的铜合金材料制成。烙铁头的长短可以调整（烙铁头越短，烙铁头的温度就越高），且有凿式、尖锥形、圆面形、圆、尖锥形和半圆沟形等不同的形状，以适应不同焊接面的需要。

（2）内热式电烙铁

内热式电烙铁一般由连接杆、手柄、弹簧夹、烙铁芯、烙铁头五个部分组成。内热式电烙铁如图3—35所示。烙铁芯安装在烙铁头的里面，发热快，热效率高。

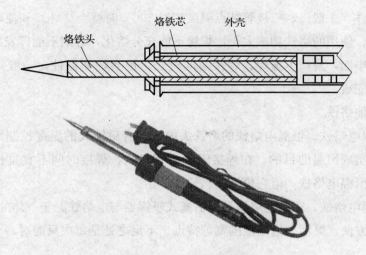

图 3—34　外热式电烙铁

烙铁芯采用镍铬电阻丝绕在瓷管上制成，一般 20 W 电烙铁其电阻为 2.4 kΩ 左右，35 W 电烙铁其电阻为 1.6 kΩ 左右。

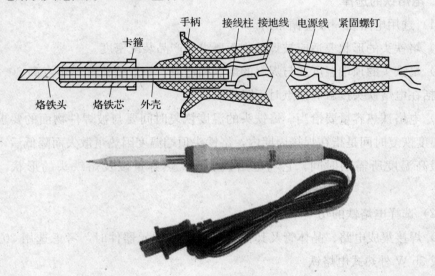

图 3—35　内热式电烙铁

常用的内热式电烙铁的工作温度列如下：

烙铁功率（W）	20	25	45	75	100
端头温度（℃）	350	400	420	440	455

一般来说电烙铁的功率越大，热量越大，烙铁头的温度越高。焊接集成电路、印制电路板、CMOS 电路一般选用 20 W 内热式电烙铁。使用的烙铁功率过大，容

易烫坏元器件（一般二、三极管结点温度超过 200℃时就会烧坏）和使印制导线从基板上脱落；使用的烙铁功率太小，焊锡不能充分熔化，焊剂不能挥发出来，焊点不光滑、不牢固，易产生虚焊。焊接时间过长，也会烧坏器件，一般每个焊点在 1.5～4 s 内完成。

（3）其他烙铁

1）恒温电烙铁。恒温电烙铁的烙铁头内，装有磁铁式的温度控制器，来控制通电时间，实现恒温的目的。在焊接温度不宜过高、焊接时间不宜过长的元器件时，应选用恒温电烙铁，但它价格高。

2）吸锡电烙铁。吸锡电烙铁是将活塞式吸锡器与电烙铁融于一体的拆焊工具，它具有使用方便、灵活、适用范围宽等特点。不足之处是每次只能对一个焊点进行拆焊。

3）气焊烙铁。一种用液化气、甲烷等可燃气体燃烧加热烙铁头的烙铁。适用于供电不便或无法供给交流电的场合。

2. 电烙铁的选择

（1）选用电烙铁一般遵循原则

1）烙铁头的形状要适应被焊件物面要求和产品装配密度。

2）烙铁头的顶端温度要与焊料的熔点相适应，一般要比焊料熔点高 30～80℃（不包括在电烙铁头接触焊接点时下降的温度）。

3）电烙铁热容量要恰当。烙铁头的温度恢复时间要与被焊件物面的要求相适应。温度恢复时间是指在焊接周期内，烙铁头顶端温度因热量散失而降低后，再恢复到最高温度所需的时间。它与电烙铁功率、热容量以及烙铁头的形状、长短有关。

（2）选择电烙铁的功率原则

1）焊接集成电路、晶体管及其他受热易损件的元器件时，考虑选用 20 W 内热式或 25 W 外热式电烙铁。

2）焊接较粗导线及同轴电缆时，考虑选用 50 W 内热式或 45～75 W 外热式电烙铁。

3）焊接较大元器件时，如金属底盘接地焊片，应选 100 W 以上的电烙铁。

3. 电烙铁的使用

（1）电烙铁的握法

电烙铁的握法分为三种，如图 3—36 所示。

1）反握法。反握法是用五指把电烙铁的柄握在掌内。此法适用于大功率电烙

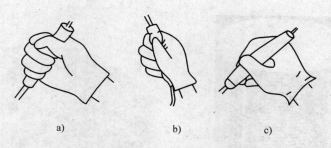

图 3—36　电烙铁的握法

a) 反握法　b) 正握法　c) 握笔法

铁，焊接散热量大的被焊件。

2) 正握法。正握法适用于较大的电烙铁，弯形烙铁头的一般也用此法。

3) 握笔法。握笔法是指用握笔的方法握电烙铁，此法适用于小功率电烙铁，焊接散热量小的被焊件，如焊接收音机、电视机的印制电路板等。

（2）注意事项

1) 电烙铁不宜长时间通电而不使用，这样容易使烙铁芯加速氧化而烧断，缩短其寿命，同时也会使烙铁头因长时间加热而氧化，甚至被"烧死"不再"吃锡"。

2) 根据焊接对象合理选用不同类型的电烙铁。

3) 使用过程中不要任意敲击电烙铁头以免损坏。内热式电烙铁连接杆钢管壁厚度只有 0.2 mm，不能用钳子夹以免损坏。在使用过程中应经常维护，保证烙铁头挂上一层薄锡。

二、焊料及焊剂

1. 焊料

常用的焊料为铅锡合金，熔点由铅锡合金比例决定，约在 180℃左右。特点是：熔点低，流动性能好，机械强度好，这对焊接质量的提高是重要的保证。电子线路焊接所用的焊料一般采用直径为 1 mm、含锡量为 61％的松香芯焊锡丝。焊锡丝的直径规格有 0.5 mm、0.8 mm、1 mm、1.2 mm、2.5 mm、3 mm、4 mm、5 mm 等。如图 3—37 所示为焊料。

2. 焊剂

焊剂又称助焊剂。锡焊技术是依靠被熔化的焊锡将焊件与被焊件的金属体连在一起的过程。助焊剂的作用是：在焊接过程中熔化金属表面氧化物，并起到保护作用，使焊料能尽快地浸润到焊件金属体上，以达到助焊的功能。助焊剂的种类很多，电子线路的焊接一般使用防腐助焊剂或松香焊剂。如图 3—38 所示为助焊剂。

图 3—37　焊料　　　　　　　　　图 3—38　助焊剂

三、锡焊

锡焊时，被焊件的熔点要高于焊料的熔点。被焊件应具有良好的可焊性，如金、银、铜等金属器材。焊接时的焊接面必须清洁，并除去氧化物和污垢。焊接时要合理地控制好温度和时间。

对锡焊的质量要求为：焊点的导电性良好，要求焊料与被焊件表面形成的合金层必须接触良好，防止虚焊和假焊。焊点必须具有一定的机械强度，要求被焊件的表面形成的合金层面积足够大，从而增加强度。焊点的外观必须表面清洁、美观、有光泽，焊点表面应呈光滑状态，不应出现棱角、空隙、烧焦或带尖刺现象，要略显示被焊件的轮廓，并具有一定的风格。

四、焊接方法

如果用一把新的电烙铁，首先应清洁烙铁头并上锡。其方法是在铁砂布上放些松香和焊料，待电烙铁加热至一定温度后，将烙铁头蘸取松香和焊料，放在铁砂布上来回摩擦，直到烙铁头上有一层银白色的焊锡即可。

焊接时，不能将烙铁头在焊点上来回磨动，而应该将烙铁头搪锡面紧贴焊点，有一时间停顿，待焊锡全部熔化后，迅速将烙铁头向斜上方45°方向移开。这时，焊锡不会立即凝固，必须扶稳、扶牢被焊件，一直等到焊点凝固再放手。焊接时应掌握好温度和时间，如果温度过低，焊锡的流动性差，很容易凝固；而温度过高，焊锡流淌过快，焊点不易存锡。

焊接时，烙铁头的温度应高于焊锡的熔点，一般应在3～5 s内使焊点达到所要求的温度，且迅速移开烙铁头，使焊点既光亮、又圆滑。若焊接的时间过短，则焊点不光滑，并形成"豆腐渣"状，甚至形成虚焊。

五、导线上锡的方法

首先是清洁裸导线并涂上助焊剂，用刀片或细铁砂布去除裸导线表面的氧化物，并用布擦去裸导线表面的尘埃。然后左手拿镊子钳钳住裸导线，右手将烙铁头压在松香上面的裸导线，待松香熔化后左手拉动裸导线，使裸导线表面涂上一层薄而均匀的松香助焊剂，如图 3—39 所示为导线上锡。

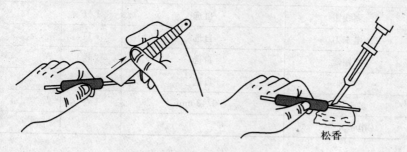

图 3—39　导线上锡

接着对裸导线表面上锡，烙铁头蘸上适量焊锡丝，将烙铁头触及裸导线自上而下滑动，但速度不能过快。用同样的方法，将裸导线的反面也上锡，直到裸导线表面镀上一层薄而亮的锡层。对没有上好锡的部位，可以重复涂助焊剂再进行上锡。

最后清洁上锡表面，其方法是用纱布蘸取适量无水酒精，擦洗已上好锡的裸导线。

 技能要求

导线及电子元器件焊接

一、操作要求

1. 掌握焊接的质量要求。
2. 掌握焊接的操作方法。

二、操作准备

准备内容见表 3—11。

表 3—11   准备内容

序号	名称	规格型号	数量	备注
1	单相交流电源	220 V	1台	
2	电烙铁	自选	1只	
3	镊子钳	自选	1只	
4	尖嘴钳	自选	1只	
5	鸭嘴钳	自选	1只	
6	剥线钳	自选	1只	
7	电工刀	自选	1只	
8	焊锡丝	自选	1卷	
9	焊剂	自选	1只	
10	多股导线	7/0.43 mm	1卷	
11	电子元件			

三、操作步骤

步骤 1　准备

将导线的绝缘层剥去，取一根 0.43 mm 的裸导线拉直，去除裸导线表面氧化物；去除电子元件表面氧化物。

步骤 2　焊接导线及电子元件

左手用镊子钳钳住一根裸导线的端头或电子元件的端头，右手用烙铁头蘸取焊锡丝和助焊剂进行焊接。

步骤 3　清洁焊点

用镊子钳钳住一小团纱布，放到无水酒精中蘸取一些酒精，对焊点进行擦洗。将焊接时产生的气体下沉后白色的薄膜和多余的助焊剂擦洗干净。

四、注意事项

1. 焊导线、电子元件时的烙铁头其形状不同于上锡时宽扁形烙铁头，可修得稍尖一些。

2. 为了防止虚焊，焊导线、电子元件一定要加助焊剂，有助于焊接时焊点的光滑亮泽。

3. 焊锡丝的量要控制适量，防止焊点大小不均匀。

4. 焊接时控制好时间和温度，防止邻近已焊好的交接点熔化移位。

5. 导线、电子元件上的各焊点饱和度一致，其风格也一致。

第3节　直流稳压电源电路的装调维修

 学习单元 1　直流稳压电源电路的读图分析

 学习目标

➤ 掌握整流电路、滤波电路和稳压电路的工作原理

 知识要求

一、整流电路

将交流电变为直流电的过程称为整流，能实现这一过程的电路称为整流电路。整流电路有单相整流电路和三相整流电路。在小功率整流电路中，交流电源通常是单相的，故采用单相整流电路。单相整流电路有单相半波整流电路、单相全波整流电路和单相桥式整流电路等。

1. 单相半波整流电路

（1）电路组成

单相半波整流电路如图 3—40 所示，电路由整流变压器 T、二极管 V 及负载电阻 R_d 组成。

一般情况下由于直流电源要求输出的电压都较低，尤其是在电子电路中通常仅为数伏至数十伏，故单相 220 V 的交流电源电压一般都需要用整流变压器 T 把电压降低后才能使用，整流变压器的作用是将交流电源电压变换成所需要的交流电压供整流用，二极管 V 是整流元件。

（2）工作原理

设变压器的二次绕组电压为 $u_2 = \sqrt{2}U_2\sin\omega t$，其波形如图 3—41a 所示。在 u_2

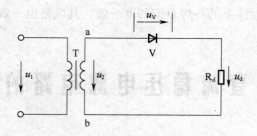

图 3—40　单相半波整流电路

的正半周，变压器二次绕组 a 端为正、b 端为负，二极管受正向电压而导通。若忽略二极管导通时的管压降，则负载电阻 R_d 两端的电压 u_d 就等于 u_2；在 u_2 的负半周，变压器二次绕组 a 端为负、b 端为正，二极管承受反向电压而截止，负载电阻两端的电压 u_d 为零，u_2 电压都加在二极管上。随着 u_2 周而复始的变化，负载电阻上就得到如图 3—41b 所示的电压。二极管两端电压波形如图 3—41c 所示。

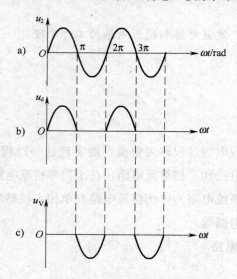

图 3—41　单相半波整流电路的波形

（3）负载上的直流电压和电流的计算

负载上得到的整流电压是交流电压 u_2 的正半周波形，虽然是单方向的，但其大小是变化的。这种单向脉动电压常用一个周期的平均值 U_d 来表示其大小。

经计算，单相半波整流电压平均值 U_d 为：

$$U_d = 0.45U_2$$

式中　U_2——变压器二次绕组电压 u_2 的有效值。

流过负载电阻 R_d 的直流电流平均值 I_d 为：

$$I_d = \frac{U_d}{R_d} = 0.45 \frac{U_2}{R_d}$$

（4）整流二极管的电流和最高反向电压的计算

计算整流二极管上的电流和最高反向电压是选择整流二极管的主要依据。在单相半波整流电路中二极管与负载串联，所以流过二极管的平均电流 I_{dT} 就等于负载的直流电流 I_d，即：

$$I_{dT} = I_d = 0.45 \frac{U_2}{R_d}$$

从图 3—41 二极管两端电压波形可知，二极管上的最高反向电压 U_{RM} 就是交流电压 u_2 的峰值，即：

$$U_{RM} = \sqrt{2} U_2$$

选择二极管时，它的最大整流电流应大于实际的 I_{dT}，最高反向工作电压 U_{RM} 应大于实际交流电压 u_2 的峰值，二极管的最大整流电流和最高反向工作电压都需要留有一定的安全余量。

2. 单相全波整流电路

（1）电路的组成

单相全波整流电路如图 3—42 所示，电路由二次绕组带中心抽头的整流变压器 T、二极管 V1、V2 及负载电阻 R_d 组成。

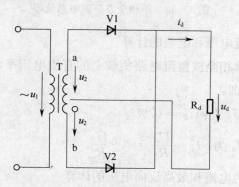

图 3—42　单相全波整流电路

（2）工作原理

设变压器的二次绕组电压为 $u_2 = \sqrt{2} U_2 \sin \omega t$，其波形如图 3—43a 所示。在交流电压 u_2 的正半周时，变压器二次绕组 a 端为正、b 端为负，二极管 V1 受正向电压而导通，而 V2 承受反向电压而截止，电流由 a 端经 V1、R_d 流回 O 端，在忽略 V1 导通时的管压降的情况下，此时负载两端的电压等于 u_2。在交流电压 u_2 的负半

241

周，变压器二次绕组 a 端为负、b 端为正，二极管 V2 受正向电压而导通，而 V1 承受反向电压而截止，电流由 a 端经 V2、R_d 流回 O 端，在忽略 V2 导通时的管压降的情况下，此时负载两端的电压也等于 u_2。单相全波整流电路中负载整流电压 U_d 和负载电流 i_d 的波形如图 3—43b、图 3—43c 所示。

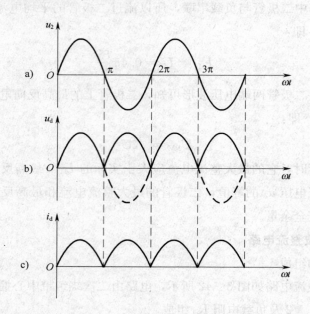

图 3—43　单相全波整流电路波形

（3）负载上的直流电压和电流的计算

由图 3—43 可知单相全波整流电路负载上的直流电压平均值 U_d、负载电流的平均值 I_d 计算公式，即：

直流电压平均值 U_d 为：$U_d = 0.9 U_2$

负载电流平均值 I_d 为：$I_d = \dfrac{U_d}{R_d} = 0.9 \dfrac{U_2}{R_d}$

（4）整流二极管的电流和最高反向电压的计算

在单相全波整流电路中，负载的直流电流是由二极管 V1、V2 轮流导通的。所以二极管的流过的平均电流 I_{dT} 应是负载直流电流 I_d 的一半，即：

$$I_{dT} = \frac{1}{2} I_d = 0.45 \frac{U_2}{R_d}$$

由工作原理分析可知，单相全波整流电路中，当 V1 导通时，V2 截止，此时二极管 V2 承受 U_{ab} 反向电压。当 V2 导通时，V1 截止，此时二极管 V1 承受 U_{ab} 反向电压，所以二极管承受最高反向电压就等于变压器二次绕组 U_{ab} 电压的最大值，即：

$$U_{RM} = 2\sqrt{2}U_2$$

由上式可知，单相全波整流电路要求有带中心抽头的整流变压器，每个二次绕组一周期内只工作一半时间，变压器利用率低，因此应用较少。

3. 单相桥式整流电路

（1）电路的组成

单相桥式整流电路如图 3—44 所示。它由整流变压器、四只二极管及负载电阻 R_d 组成。

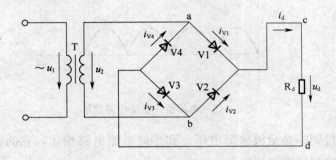

图 3—44　单相桥式整流电路

电路中的四只二极管的接法和电桥相似，电桥的一个对角线上接交流输入端，另一个对角线接直流输出端。

（2）工作原理

设变压器的二次绕组电压为 $u_2 = \sqrt{2}U_2\sin\omega t$，其波形如图 3—45a 所示。在交流电压 u_2 的正半周，变压器二次绕组 a 端为正、b 端为负，二极管 V1 和 V3 受正向电压而导通，而 V2 和 V4 承受反向电压而截止，u_2 电压产生的电流 i_1 的通路为：a→V1→R_d→V3→b。在忽略 V1 和 V3 导通时的管压降的情况下，此时负载两端的电压等于 u_2，如图 3—45b 中的 0～π。

在交流电压 u_2 的负半周，变压器二次绕组 a 端为负、b 端为正，此时 V1 和 V3 承受反向电压而截止，而 V2 和 V4 承受正向电压而导通，u_2 电压产生的电流 i_2 通路为：b→V2→R_d→V4→a。在忽略 V2 和 V4 导通时的管压降的情况下，此时负载两端的电压也等于 u_2，如图 3—45b 中的 π～2π。如此看来，无论是交流电压 u_2 的正半周还是负半周，负载 R_d 上的整流电压极性没有变化，始终是上正下负的极性，流过负载的电流方向也没变。单相桥式整流电路中负载整流电压 u_d 和负载电流 i_d 的波形如图 3—45b、图 3—45c 所示。这种整流电路在整个周期内都有输

243

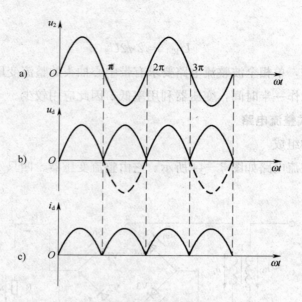

图 3—45　单相桥式整流电路波形

出，在负载上得到的是全波整流电压，和半波整流电路相比，它的输出电压脉动小、整流变压器利用率高的特点。

（3）负载上的直流电压和电流的计算

从图 3—45 波形图上可以看出，单相桥式整流电路因为输出电压的波形比半波多了一倍，显然输出直流电压的平均值也就比半波要大一倍，即：

$$U_d = 0.9 U_2$$

负载电流的平均值 I_d 也要大一倍，即为：

$$I_d = \frac{U_d}{R_d} = 0.9 \frac{U_2}{R_d}$$

（4）整流二极管的电流和最高反向电压的计算

在单相桥式整流电路中，负载的直流电流是由二极管 V1、V3 和 V2、V4 轮流导通的。所以二极管的流过的平均电流 I_{dT} 应是负载直流电流 I_d 的一半，即：

$$I_{dT} = \frac{1}{2} I_d = 0.45 \frac{U_2}{R_d}$$

由工作原理分析可知，单相桥式整流电路中，当 V1、V3 导通时，V2、V4 截止，此时二极管 V2、V4 承受反向电压。当 V2、V4 导通时，V1、V3 截止，此时二极管 V1、V3 承受反向电压。从图 3—44 可以看出，当 V1、V3 导通时，如忽略二极管的正向压降，二极管 V2、V4 的阴极电位就等于 a 端的电位，二极管 V2、V4 的阳极电位就等于 b 端的电位，所以二极管承受反最高向电压就等于变压器二次绕组电压的最大值，即：

$$U_{RM} = \sqrt{2}U_2$$

单相桥式整流电路中的二极管可以用四个同型号的二极管，但接线时应注意二极管的极性不能接反，否则将引起电源短路。

单相桥式整流电路的变压器二次绕组电压比单相半波整流电路要低 1/2，整流二极管的平均电流也要低 1/2。在同样的二次绕组电压 U_2 时，单相桥式整流电路的负载直流电压和电流都较单相半波整流的负载直流电压和电流高一倍，对整流二极管的要求也低一些。同时，单相桥式整流电路输出的直流电压和电流的脉动程度都比单相半波整流电路输出的直流电压和电流的脉动程度小，变压器的利用率较高，所以单相桥式整流电路得到了广泛的应用。

二、滤波电路

整流电路输出的直流电压是单向脉动直流电压，其中包含有很大的交流分量。为了减小输出直流电压的脉动程度，减小交流分量，就要采用滤波电路。常用的滤波电路按采用的滤波元件不同分成电容滤波和电感滤波等。在小功率直流电源中常用电容滤波。

1. 电容滤波电路

（1）工作原理

如图 3—46 所示为单相半波整流电容滤波电路。由图可知，电容滤波电路十分简单，滤波电容与负载并联。常采用容量较大的电解电容器，电解电容器有正、负极性，在电路中电解电容器的极性应与滤波电压的极性一致，不能接错。

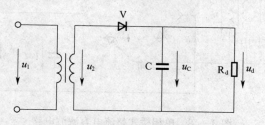

图 3—46　单相半波整流电容滤波电路

电容滤波的原理是利用电容的充放电作用，来改善输出直流电压的脉动程度。如图 3—46 所示电路中，设 $u_2 = \sqrt{2}U_2\sin\omega t$，若 $u_2 > u_C$ 则二极管 V 导通，若 $u_2 \leqslant u_C$ 则二极管 V 截止。为分析简便起见，假设图示电路在电源电压 u_2 过零时接通电路，当 u_2 从零开始上升过程中，二极管 V 导通，流经 V 的电流分两路，一路流经

负载电阻 R_d，另一路对电容 C 充电。如忽略变压器的内阻抗和二极管的管压降，可以认为 u_C 和 u_2 的波形是重合的，到达 u_2 的峰值时 $u_2 = u_C$。此后 u_2 和 u_C 都开始下降，u_2 按正弦规律下降，当 $u_2 < u_C$ 时，二极管 V 承受反向电压而截止。此时电容 C 通过 R_d 放电，放电使 u_C 逐渐下降，直到下个正半周 $u_2 > u_C$ 时，二极管 V 再次导通，电容 C 再次被充电。电容电压 u_C 再次按照 u_2 的正弦规律上升，峰值过后电容电压 u_C 又将通过 R_d 放电……，如此周而复始重复上述过程。电容两端电压即为输出电压，其波形如图 3—47 所示。由图可见，负载上的输出电压的脉动大为减小，达到了滤波的目的。

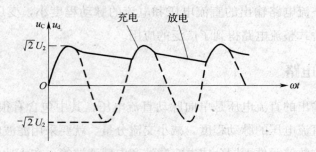

图 3—47　单相半波整流电容滤波电路波形

单相桥式整流电容滤波电路及其输出电压波形分别如图 3—48 和图 3—49 所示。图 3—49 中虚线所示是原来不加滤波电容的输出波形，实线所示是加了滤波电容之后的输出电压波形。

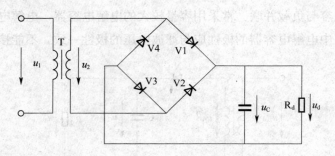

图 3—48　单相桥式整流电容滤波电路

可以看到，滤波效果的好坏和放电回路的时间常数 $R_d C$ 有很大的关系。时间常数 $R_d C$ 大则放电慢，输出电压波形如图 3—49a 所示，输出电压的脉动小、滤波效果好；时间常数 $R_d C$ 小则放电快，输出电压波形如图 3—49b 所示，输出电压的脉动大、滤波效果差。

（2）输出电压的估算

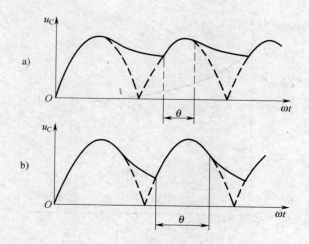

图 3—49　单相桥式整流电容滤波电路波形

　　整流电路在经过电容滤波之后，输出电压的脉动大为减小，同时输出电压也提高了。由图 3—49 还可看到，输出电压的大小和放电回路的时间常数 R_dC 密切相关。如放电时间常数 R_dC 大，则输出电压高，如放电时间常数 R_dC 极大（相当于负载端开路）时，则电容只充电不放电，此时输出电压最高即 $U_d = \sqrt{2}U_2$。如放电时间常数 R_dC 很小，此时输出电压最低，对单相桥式整流电容滤波电路来说，$U_d = 0.9U_2$。为了得到较好的滤波效果，放电时间常数 R_dC 通常按下式选取：

$$R_dC = (1.5 \sim 2.5)T$$

式中　T——电源周期，对于工频 50 Hz，$T = 20$ ms。

　　在这种情况下，桥式整流电路滤波后的输出电压约为：

$$U_d = 1.2U_2$$

　　（3）电容滤波的优缺点及应用场合

　　电容滤波具有电路简单、输出电压较高等优点，但也存在不少缺点，主要有以下两点：

　　1）直流电源的外特性较差。电源的外特性就是指电源的输出电压与输出电流之间的关系，好的电源外特性应该是输出电压不随输出电流变化。电容滤波电路的外特性较差，如图 3—50 所示。

　　电容滤波电路输出电压大小与放电时间常数有关，在电容确定不变之后，输出的直流电压的大小就完全取决于负载电阻 R_d，也就是取决于负载电流 I_d。负载开路时，输出电压最大为 $\sqrt{2}U_2$，随着负载电流 I_d 增大（负载电阻 R_d 阻值减小）输出

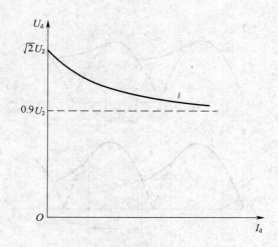

图 3—50　电容滤波电路外特性

电压 U_d 逐渐下降，对单相桥式整流电容滤波电路来说，输出电压 U_d 最小不低于 $0.9U_2$。

2）二极管的导通时间短，电流冲击大。由图 3—49 可以看到，滤波效果越好，二极管的导通时间越短，导通角 θ 越小，电流冲击越大。在设计带有电容滤波的整流电路时，应充分考虑这一因素，二极管的电流安全系数可取 2～3 倍。

综上所述，电容滤波电路简单，输出电压较高，但外特性较差，且有电流冲击，主要应用于输出电压较高，负载电流较小并且变化也较小的场合。

（4）τ 形 RC 滤波电路

为了进一步提高滤波效果，可以采用如图 3—51 所示的 τ 形 RC 滤波电路。

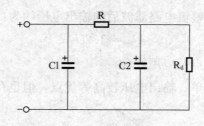

图 3—51　τ 形 RC 滤波电路

由于电容 C1 上的电压的直流分量要经过电阻 R 和负载电阻 R_d 的分压，负载电阻 R_d 两端直流输出电压将有所降低；同理，电容 C1 上的电压的交流分量也要经过电阻 R 和负载电阻 R_d 与 C2 等效并联阻抗的分压，由于 C2 的交流阻抗很小，它和负载电阻 R_d 等效并联阻抗也就很小，使得负载电阻 R_d 两端的输出电压交流分量大大减小。R 越大，C2 越大，滤波效果越好，但 R 越大，电阻 R 上的直流电压降越大。因而这种滤波电路主要用于负载电流较小而要求输出电压脉动很小的场合。

2. 电感滤波电路

（1）工作原理

电感滤波电路如图 3—52 所示，电感和负载串联，整流电路输出的脉动直流电通过电感线圈时，将产生自感电动势，阻碍线圈中电流的变化。

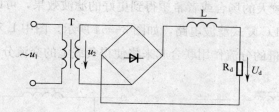

图 3—52　电感滤波电路

当通过电感线圈流向负载的脉动电流随 u_2 上升而增加时，电感线圈产生的自感电动势就阻碍其增加，当通过电感线圈流向负载的脉动电流随 u_2 下降而减小时，电感线圈产生的自感电动势又阻碍其减小，因而使负载电流和负载电压的脉动大为减小。电感线圈的滤波工作原理也可以从电感对直流和交流具有不同的阻抗来分析。整流电路的输出电压有直流分量和交流分量，如不计电感线圈本身的电阻，电感对直流分量相当于短路，因此直流分量可以全部加到负载上，但是电感对交流分量具有一定阻抗，频率越高，阻抗越大，因而交流分量要被电感阻抗和负载电阻分压，如果电感阻抗远远大于负载电阻，就可以使交流分量绝大部分降落在电感上，负载电阻上的交流分量就大大减小，起到了很好的滤波作用。其波形如图 3—53所示。

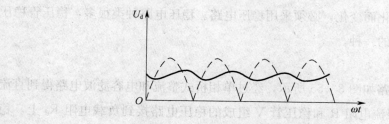

图 3—53　电感滤波电路波形

（2）输出电压的估算

由上述分析可知，电感滤波电路要有好的滤波效果，必须使电感阻抗远远大于负载电阻。在不计电感线圈本身的电阻时，输出的直流电压和没有滤波时相同，即：

$$U_{\mathrm{d}} = 0.9U_2$$

电感滤波电路的外特性较好，二极管的导通角还是 $180°$，电流冲击小。因此电感滤波电路适用于大电流负载场合，电感滤波电路的缺点是电感本身是一个铁心线圈，体积大而笨重，成本高。

对于负载变动较大的场合或者希望得到更好的滤波效果，可以采用电容滤波和电感滤波相结合的 LC 复式滤波电路，如图 3—54 所示。图中 L 对交流分量的限流作用和 C 对交流分量的分流作用联合起来将使得负载上的交流分量大大减小。

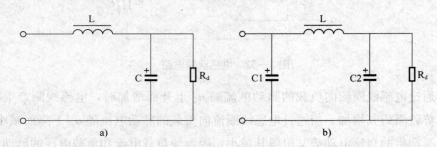

图 3—54　LC 复式滤波电路
a）LC 滤波电路　b）π 形 LC 滤波电路

三、稳压电路

1. 稳压管稳压电路

经过整流和滤波的输出直流电压已经变得比较平稳，但是往往会随交流电源电压的波动和负载的变化而变化。为了使输出电压保持稳定，使其不随交流电源电压的波动和负载的变化而变化，必须采用稳压电路。稳压电路种类很多，稳压管稳压电路是其中最简单的一种。

（1）工作原理

稳压管稳压电路如图 3—55 所示，经过单相桥式整流和电容滤波电路得到直流电压 U_{I}，再经过限流电阻 R 和稳压管 V 组成的稳压电路接到负载电阻 R_{d} 上。稳压管 V 反向并联在负载两端。

由稳压管特性可知，稳压管是工作在反向击穿状态，只要流过稳压管的电流 I_{z} 在其工作范围内，其两端的电压 U_{z} 基本上保持稳定的。假设稳压管特性是理想

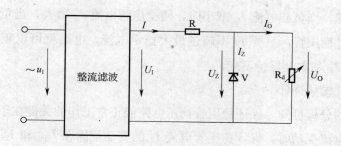

图 3—55　稳压管稳压电路

的，即认为稳压管的动态电阻为零，只要稳压管电流 I_z 在最小稳定电流 I_{zmin} 和最大稳定电流 I_{zmax} 之间，稳压管两端的电压 U_z 不变。如果稳压管电流小于最小稳定电流，则说明稳压管还没有工作于反向击穿状态，输出电压减小，电路失去稳压作用；如果大于最大稳定电流则稳压管将烧坏，图中限流电阻 R 就是为了限制稳压管电流 I_z 不要过大。

　　由此可见，稳压管能稳压是其本身的特性决定的，在交流电源电压波动或负载变化时，只要能保证稳压管电流在其工作范围之内，就能保证输出电压 U_O 的稳定。

　　下面分析在交流电源电压波动和负载变化时，稳压电路的工作情况。

　　由图 3—55 所示电路可以看出，其电压、电流的关系为：

$$U_I = IR + U_O$$

$$I = I_z + I_O$$

　　为了便于分析，先假设负载不变，只分析交流电源电压波动时，稳压电路的工作情况。比如交流电源电压增大，使整流滤波电压 U_I 增大，将使电流 I 增大，由于负载电流 I_O 不变，因而电流 I 增大的部分全部流过稳压管，使稳压管电流 I_z 增大，只要 I_z 不超过最大稳压电流电路就可以正常动作，稳压管两端电压 U_z 基本上保持不变，此时电阻 R 上的压降增大。同理，当交流电源电压减小，使整流滤波电压 U_I 减小，将使电流 I 减小，使稳压管电流 I_z 减小，只要 I_z 不小于最小稳压电流，电路就可以正常工作，稳压管两端电压 U_z 基本上保持不变，此时电阻 R 上的压降减小。

　　下面在分析交流电源电压保持不变而负载变化时，稳压电路的工作情况。当交流电源电压保持不变时，整流滤波电压 U_I 也不变，当负载电流 I_O 增大时，使稳压管电流 I_z 减小，只要 I_z 不小于最小稳定电流，电路就可以正常工作，稳压管两端电压 U_z 基本上保持不变，此时流过限流电阻 R 的电流和电阻上的电压降基本上保持不变。同理，当负载电流 I_O 减小时，使稳压管电流 I_Z 增大，当负载开路时，电流 I 全部流过稳压管，只要 I_Z 不超过最大稳定电流，电路就可以正常工作，稳压管两端电压 U_Z 基本上保持不变。

（2）元件参数选择

从上面的分析可知，保证稳压管稳压电路能正常工作的关键在于，当交流电源电压和负载电流变动时，保证稳压管电流 I_Z 的变动范围在 I_{Zmin} 和 I_{Zmax} 之间。

设交流电源电压电动引起整流滤波电压 U_I 允许的变化范围是 U_{Imin} 至 U_{Imax}，负载电流允许的变动范围是 I_{Omin} 至 I_{Omax}。

当交流电源电压和负载电流一起变动时，在什么情况下通过稳压管的电流最小呢？显然是整流滤波电压为最小（U_{Imin}）而负载电流为最大（U_{Omax}）时。在这种情况下，应保证此电流大于 I_{Zmin}，即应满足以下不等式：

$$\frac{U_{Imin} - U_Z}{R} - I_{Omax} \geqslant I_{Zmin}$$

同理，通过稳压管电流最大的情况显然是发生在整流滤波电压为最高（U_{Imax}）而负载电流为最小（I_{Omin}）时，此电流应小于稳压管允许的最大电流 I_{Zmax}，即满足以下不等式：

$$\frac{U_{Imax} - U_Z}{R} - I_{Omin} \leqslant I_{Zmax}$$

稳压管稳压电路工作时，只要同时满足以上两个不等式，就可以保证电路正常工作。

稳压管稳压电路选择稳压管时，一般取 $U_Z = U_O$，$I_{Zmax} = (1.5 \sim 3) I_{Omax}$，而整流滤波电压 U_I 一般取 $U_I = (2 \sim 3) U_O$，限流电阻 R 的阻值可以根据上面两个不等式进行计算。同理，也可以根据上面两个不等式来计算参数已知的某一稳压管稳压电路所允许的电源电压变动范围或负载电流变动范围。

在图 3—55 所示稳压管稳压电路中，稳压管 V 作为电压调整器与负载并联，故又称为并联型稳压电路。稳压管稳压电路结构简单，成本低，但输出电流较小，电路稳压性能较差。因此这种电路只能用于要求不高的小电流的稳压电路。

2. 串联型晶体管稳压电路

稳压管稳压电路输出电流较小，电路稳定性能较差。为了提高稳压电路的输出电流，可以利用三极管的放大作用，如图 3—56 所示电路就是在输出端接有三极管的稳压电路，因为三极管与负载就是串联的，所以这种电路又称为串联型晶体管稳压电路。由图可以看到，串联型晶体管稳压电路的输出电流是三极管的发射电流，稳压管输出的电流为三极管的基极电流，三极管发射电流是基极电流的（$1+\beta$）倍，这样就大大提高了输出电流。

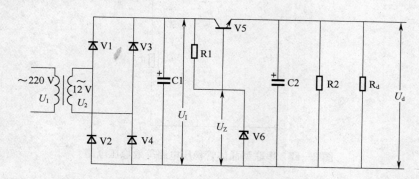

图 3—56　串联型晶体管稳压电路

（1）电路组成

由图 3—56 可知，串联型晶体管稳压电流可分为由降压变压器及 V1～V4 整流二极管组成的单相桥式整流电路、电容 C1 组成的滤波电路和三极管 V5、硅稳压管 V6 等元器件组成的稳压电路等三部分，其中单相桥式整流电路、电容 C1 组成的滤波电路和上节所述稳压管稳压电路相同。稳压电路中三极管 V5 称为调整管，R1 既是 V6 的限流电阻又是调整管 V5 的偏置电阻，它和稳压管 V6 组成的稳压电路向调整管 V5 基极提供一个稳定的直流基准电压 U_Z。当负载 R_d 开路时，由电阻 R2 提供给调整管一个直流通路。

（2）工作原理

由图 3—56 可知，交流电源经变压器降压后，二次绕组交流电压 U_2 经过 V1～V4 整流二极管组成的单相桥式整流电路和电容 C1 滤波后，输出直流电压（即电容 C1 上电压）U_I，再经稳压电路中三极管 V5 输出负载电压 U_O。因此，图 3—56 所示的串联型晶体管稳压电路可等效简化为图 3—57 所示的串联稳压电路。

由图 3—59 可知，负载电压 U_O 为：

$$U_O = \frac{R_d}{R_d + R_P} U_I$$

由上式可知，当交流电源电压升高，直流电压（即电容 C 上电压）U_I 增大时，只要调节可变电阻 R_P 使其阻值增大，就可使负载电压 U_O 保持不变；反之，当交流电源电压降低，直流电压（即电容 C 上电压）U_I 减小时，只要调节可变电阻 R_P 使其阻值减小，就可使负载电压 U_O 保持不变。也就是说随着交流电源电压变化自

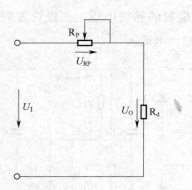

图 3—57　串联型晶体管稳压电路等效稳压电路

动调节可变电阻 R_P 的阻值就可以保证负载电压不变，这就是串联型稳压电路的基本稳压原理。在实际应用中，常采用三极管来代替可变电阻 R_P 而组成晶体管串联型稳压电路。

下面分析图 3—56 所示的串联型晶体管稳压电路的工作原理。由图可得到下面关系：

$$U_{BE} = U_Z - U_O$$
$$U_O = U_I - U_{CE}$$

假设由于交流电源电压或负载电阻的变化而使输出负载电压 U_O 增大时，由于稳压管 V6 的稳定电压 U_Z 不变，因此三极管 V5 的 U_{BE} 减小，三极管 V5 的基极电流 I_B 减小，使三极管 V5 的集电极—发射极间的电压 U_{CE} 增大，使 U_O 下降，保证输出负载电压 U_O 基本稳定，上述稳压过程表示如下：

$$U_O \uparrow \rightarrow U_{BE} \downarrow \rightarrow I_B \downarrow \rightarrow U_{CE} \uparrow \rightarrow U_O \downarrow$$

同理，由于交流电源电压或负载电阻的变化而使输出负载电压的 U_O 下降时，由于稳定管 V6 的稳定电压 U_Z 不变，因此三极管 V5 的 U_{BE} 增大，三极管 V5 的基极电流 I_B 增大，使三极管 V5 的集电极—发射极间的电压 U_{CE} 减小，使 U_O 上升，保证输出负载电压 U_O 基本稳定。

串联型晶体管稳压电路的输出电流比硅稳压管稳压电路输出电流大，稳压性能也要好些，但是图 3—56 所示的串联型晶体管稳压电路的输出电压的大小是固定的，基本上由稳压管的稳定电压决定，实际应用中很不方便，同时该电路的稳压性能还较差，还需要进一步改进。

学习单元 2 直流稳压电源电路安装调试及维修

 学习目标

➢ 了解直流稳压电源电路的组成
➢ 掌握直流稳压电源电路的工作原理
➢ 能够进行直流稳压电源电路的安装调试及故障处理

 知识要求

一、直流稳压电源电路的组成

直流稳压电源电路一般由整流电路、滤波电路及稳压电路三部分组成。直流稳压电源电路通常可分为并联型稳压管稳压电路和串联型稳压管稳压电路。并联型稳压管稳压电路的输出电流较小，电压稳定性能不够好，电路简单，成本低。串联型稳压管稳压电路输出电流较大，电压稳定性能较好。

二、直流稳压电源电路的工作原理

串联型晶体管稳压电路原理图如图 3—58 所示。

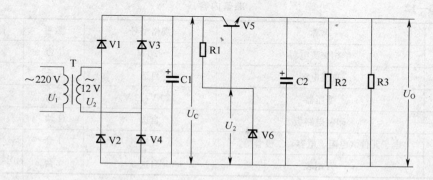

图 3—58 串联型晶体管稳压电路

220 V 交流电源经变压器降压后，二次侧交流电压 U_2 为 12 V，经过 V1～V4

整流二极管组成的单相桥式整流电路和电容 C1 滤波后，输出的直流电压（即电容 C1 上电压）U_c 约为 13～16 V 之间。三极管 V5 亦称调整管，V6 为硅稳压管，型号为 2CW56。由于制造工艺等原因，同一型号稳压管的稳定电压可能不相同，因而半导体手册中给出该型号稳压管的稳定电压范围，但对具体一只稳压管来说，稳定电压是确定的。如图 3—58 中 2CW56 稳压管的稳定电压范围为 7～8.8 V，但对所采用的 2CW56 稳压管来说，稳压管的稳定电压应是 7～8.8 V 中一个确定值（如 7.5 V）。此时硅稳压管 V6 的电流作为三极管 V5 的基极电流，因而稳压电路的输出电流增大，但该串联型晶体管稳压电路的输出电压 U_O 仍是由 V6 硅稳压管的稳定电压来确定的，不能够连续调节。

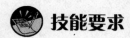 **技能要求**

直流稳压电源电路的安装调试及故障处理

一、操作要求

1. 了解铆钉板和电子元件的焊前处理工艺及操作要求。
2. 了解直流稳压电源的工作原理及稳压特性。
3. 掌握直流稳压电源的安装、焊接和调试方法。
4. 掌握直流稳压电源电路的故障诊断和故障排除。

二、操作准备

准备内容见表 3—12。

表 3—12　　　　　　　　　　　　准备内容

序号	名称	规格型号	数量	备注
1	单相交流电源	220 V	1 台	
2	直流电源	自选	1 台	
3	变压器	220 V/12 V	1 台	
4	印制电路板	自选	1 块	
5	电子元件（电阻、电容、二极管等）	自选	1 套	
6	万用表	自选	1 台	

三、操作步骤

步骤 1　配套元器件的测量

　　根据图 3—58 所示串联型晶体管稳压电路图选择元器件并进行测试，重点对二极管、三极管及稳压管等元器件的性能、极性、管脚和电阻的阻值、电解电容器容量和极性进行测试。

　　步骤 2　直流稳压电源电路板的焊接安装

　　（1）清查电子元器件的数量与质量，对不合格的电子元器件应及时更换。

　　（2）确定电子元器件的安装方式，安装高度一般由该印制电路板的焊接空距离决定。

　　（3）对电子元器件的引脚弯曲成形处理，成形时不得从电子元器件引脚根部弯曲。

　　（4）对电子元器件的插装，首先将电子元器件的引脚去除氧化层，然后涂上助焊剂搪锡，根据直流稳压电源电路图对号插装，不得插错，对有极性的电子元器件（二极管、三极管、电容、稳压管）的引脚，插孔时应特别注意。

　　（5）对电子元器件的焊接，各焊点加热时间及用焊锡量要适当，对耐热性差的电子元器件应使用相关工具辅助散热，连接线不应交叉，焊接应无虚焊、假焊、错焊、漏焊，焊点应圆滑无毛刺。焊接时应重点注意二极管等元器件的管脚和极性。

　　（6）焊后处理，应检查有无虚焊、假焊、错焊、漏焊，剪去多余的电子元器件引脚线，检查直流稳压电源电路板所有的焊点，对缺陷进行修补。直流稳压电源电路板如图 3—59 所示。

　　步骤 3　接通电源并进行调试

　　（1）通电前检查

　　对已焊接安装完毕的电路板，根据原理图进行详细检查，重点检查变压器一次绕组和二次绕组接线，二极管、三极管、稳压管的管脚及电解电容器极性是否正确。变压器一次绕组和二次绕组接线绝对不能接错，可用万用表的欧姆挡测量变压器一次绕组和二次绕组的电阻值，一次绕组的电阻值应大于二次绕组的电阻值。用万用表的欧姆挡测量单相桥式整流输出端及稳压直流输出端有无短路现象。

　　（2）通电调试

　　合上 220 V 交流电源，观察电路有无异常现象。正常情况下，用万用表的交流电压挡测量变压器二次绕组电压 U_2，用万用表的直流电压挡测量输入直流电压 U_c，稳压管 V6 的电压 U_z，输出直流电压 U_o。正常情况下，输入直流电源电压 U_c 为 13～16 V，输出直流电压 U_o 的数值为 6.3～8.1 V，具体由所采用的稳压管的稳压电压值决定。

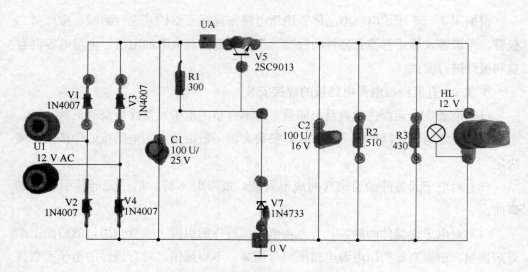

图 3—59　直流稳压电源电路板

（3）稳压电路稳压性能测试

稳压电路工作正常后，可进行电路稳压性能测试。主要测量输入交流电源电压变化和负载变化时稳压电路的稳压性能。

步骤 4　用万用表测量电路各主要点数据

U_1	U_2	U_C	U_O
220 V			

步骤 5　常见故障诊断和故障处理（见表 3—13）

表 3—13　　　　　　　　常见故障诊断和故障处理

序号	故障现象	故障分析	处理步骤	注意事项
1	输出直流电压为零	1. 稳压管的极性接错 2. 稳压管短路 3. 限流电阻 R1 回路断开 4. 三极管 V5 回路断开	1. 检查 V6 管是否正常 2. 检查 V6 管电路各元件是否正常 3. 检查 R1 电路是否正常 4. 检查 V5 管是否正常	
2	输出直流电压过高	1. 三极管 V5 损害 2. 三极管 V5 短路	1. 检查 V5 管是否正常 2. 检查 V5 的集电极 C 和发射极 E 是否短路	

四、注意事项

1. 注意人身安全，杜绝触电事故的发生。在接线和拆线过程中必须断电。

2. 注意设备（仪表）安全，接线完成后必须进行检查，防止交流电源、直流电源等短路，在使用仪表（如万用表）测量时也必须注意人身与仪表安全。

第 4 节　电池充电器电路的装调维修

 学习单元 1　电池充电器电路的读图分析

 学习目标

➤ 掌握充电器电路的组成

➤ 掌握充电器电路的工作原理

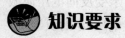 **知识要求**

一、充电器电路的组成

充电器通常指的是一种将交流电转换为低压直流电的设备。充电器在各个领域用途广泛。充电器是将电压和频率固定不变的交流电变换为直流电的一种静止变流装置。在以蓄电池为工作电源或备用电源的用电场合，充电器具有广泛的应用前景。充电器种类很多，如镉镍电池充电器、镍氢电池充电器、锂离子电池充电器等。用充电器给电池充电时，一定要按电池的充电说明书选用合适规格的充电器，并正确连接。否则会出现用电器损坏或安全事故。

充电器电路一般由输入线、线路板各种电子元器件（电阻、发光二极管、晶体二极管）、输出线等部分组成。

二、充电器电路的原理分析

电池充电器电路原理图如图 3—60 所示。

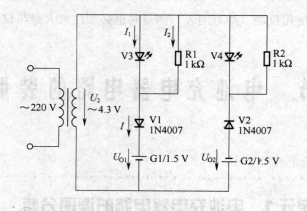

图 3—60　电池充电器电路

　　充电是使用充电电池的重要步骤。适当合理的充电对延长电池寿命很有好处。镍镉电池的标称电压是 1.2 V，但实际上，电池的电压是个变化的值，随着电量是否充足，在 1.2 V 左右进行波动。一般在 1～1.4 V 之间波动，不同品牌的电池由于工艺上的不尽相同，电压波动范围也不完全一致。

　　设变压器的二次绕组电压为 4.3 V，在交流电压 u_2 的正半周，变压器二次绕组上端为正、下端为负，二极管 V1 受正向电压而导通，而 V2 承受反向电压而截止，电流由 u_2 上端经 V3、R1、V1、G1 流回 u_2 下端。在交流电压 u_2 的负半周，变压器二次绕组上端为负、下端为正，二极管 V2 受正向电压而导通，而 V1 承受反向电压而截止，电流由 u_2 下端经 G2、V2、R2、V4 流回 u_2 上端。

 学习单元 2　电池充电器电路安装调试及维修

 **学习目标**

➤ 了解电池充电器电路的组成及工作原理

➤ 能够进行电池充电器电路的安装调试及故障处理

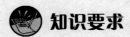

知识要求

一、电池充电器电路的组成

电池充电器电路一般由降压整流电路及充电指示电路部分组成。

降压变压器将 220 V 交流电降低为 4.3 V 交流电。

V1、V2 组成半波整流电路，其作用是将交流电变为直流电。从而实现对电池充电。

发光二极管 V3、V4 有两个作用：充电指示作用和过充保护作用。

R1、R2 是发光二极管 V3、V4 的分流电阻，使发光二极管不致被较大的充电电流烧坏。

元件选择：T 用 220 V/4.3 V 小型电源变压器，V3、V4 可用普通发光二极管，R1、R2 为 1 kΩ 电阻器，V1、V2 为 1N4007 型普通硅整流二极管。

二、电池充电器电路的工作原理

电池充电器电路原理图如图 3—61 所示。

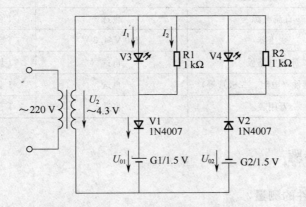

图 3—61　电池充电器电路

该镍镉电池充电器电路，具有状态指示功能。G1 充电时发光二极管 V3 发光；G2 充电时发光二极管 V4 发光。图示 220 V 交流电源经变压器降压至 4.3 V 后，R1、R2 为限流电阻，经二极管 V1、V2 给电池充电，并在 V3、V4 上产生约 2.1 V 的电压降使发光二极管发光，作为充电指示。镍镉电池标称电压为 1.2 V，当放电至 1 V 时，就应进行充电。当充至 1.35 V 时，基本上充满了。因本电路和市电直接相连，调试及使用应特别注意安全。

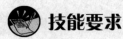 **技能要求**

电池充电器电路的安装调试及故障排除

一、操作要求

1. 了解铆钉板和电子元器件的焊前处理工艺及操作要求。

2. 了解电池充电器电路的工作原理及稳压特性。

3. 掌握电池充电器电路的安装、焊接和调试方法。

4. 掌握电池充电器电路的故障诊断和故障排除方法。

二、操作准备

准备内容见表 3—14。

表 3—14　　　　　　　　　　　准备内容

序号	名称	规格型号	数量	备注
1	单相交流电源	～220 V	1 台	
2	直流电源	自选	1 台	
3	变压器	220 V/4.3 V	1 台	
4	印制电路板	自选	1 块	
5	电子元器件（电阻、二极管等）	自选	1 套	
6	万用表	自选	1 台	

三、操作步骤

1. 配套元器件的测量

根据图 3—61 所示电池充电器电路图选择元器件并进行测试，重点对二极管及发光二极管等元器件的性能、极性、管脚和电阻的阻值进行测试。

2. 电池充电器电路板的焊接安装

（1）清查电子元器件的数量与质量，对不合格的电子元器件应及时更换。

（2）确定电子元器件的安装方式，安装高度一般由该印制电路板的焊接空距离决定；对电子元器件的引脚弯曲成形处理，成形时不得从电子元器件引脚根部弯曲。

（3）对电子元器件的插装，首先将电子元器件的引脚去除氧化层，然后涂上助焊剂搪锡，根据电池充电器电路图对号插装，不得插错，对有极性的电子元器件（二极管、发光二极管）的引脚，插孔时应特别注意。

（4）对电子元器件的焊接，各焊点加热时间及用焊锡量要适当，对耐热性差的电子元器件应使用相关工具辅助散热，连接线不应交叉，焊接应无虚焊、假焊、错焊、漏焊，焊点应圆滑无毛刺。焊接时应重点注意二极管等元器件的管脚和极性。

（5）焊后处理，应检查有无虚焊、假焊、错焊、漏焊，剪去多余的电子元器件引脚线，检查电池充电器电路板所有的焊点，对缺陷进行修补，如图 3—62 所示。

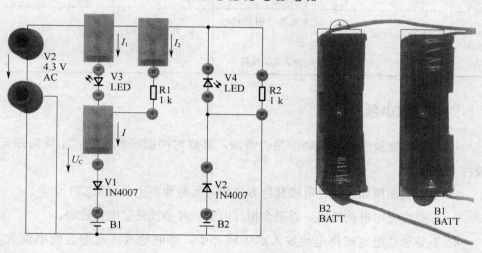

图 3—62　电池充电器电路板

3. 接通电源并进行调试

通电前检查。对已焊接安装完毕的电路板，根据原理图进行详细检查，重点检查变压器一次绕组和二次绕组接线，二极管的管脚及极性是否正确。变压器一次绕组和二次绕组接线绝对不能接错，可用万用表的欧姆挡测量变压器一次绕组和二次绕组的电阻值，一次绕组的电阻值应大于二次绕组的电阻值。

通电调试。合上 220 V 交流电源，观察电路有无异常现象，发光二极管 V3、V4 是否发光。正常情况下，用万用表的交流电压挡测量变压器二次绕组电压 U_2，用万用表的直流电压挡测量 G1、G2 的直流电压。

4. 用万用表测量电路各主要点数据

变压器次级电压 U_2	电池两端的电压 U_{O1}	电池充电电流 I	发光二极管电流 I_1	电阻上的电流 I_2

5. 常见故障诊断和故障处理（见表 3—15）

表 3—15　　　　　　　　　　常见故障诊断和故障处理

序号	故障现象	故障分析	处理步骤	注意事项
1	充电时充电指示灯不亮	1. 充电器输入电源插头与市电没有连接好 2. 变压器有虚焊 3. 元件损坏	1. 检查一下电源输入线是否良好 2. 检查一下电路板上高压区附近的元器件是否有虚焊 3. 更换损坏元件	
2	输出电压正常，充不进电	1. 输出部分铜箔接触不良或损坏 2. 电池正负极反接	1. 更换损坏元件 2. 电池正负极正确连接	

四、注意事项

1. 检查电器及电池的接触件是否清洁，必要时用湿布擦干净，干燥后按正确极性方向装入。

2. 不要试图用加热、充电或其他方法使一次电池再生，以免发生危险。

3. 不要将充电电池短路，否则会损坏电池，并会发热使电池燃烧。

4. 不要加热电池或将电池放入水中或火中，将电池放入水中会使电池失效，将电池放入火中会使电池破裂，或发生激烈的化学反应爆裂伤人，或产生一些有害的气体和烟尘等。

5. 不要拆卸电池或试图用尖锐利器穿透电池，因电池内部电解液会伤害皮肤和衣物。

6. 用电器使用后应断开电源开关，以免因发热等而起火。

7. 不能将电池焊接使用，焊接时产生的高温会损坏电池的内部结构，可能会使电池不能使用，甚至出现危险。

8. 不能反向充电，反向充电等同于过放电，过放电会使电池内部发生不良反应并导致电池的严重损坏，生成大量气体，很可能会使充电电池发生化学泄漏。

9. 不能将充电电池放在雨水下。雨水能导电，电池放在雨水下时，很可能会发生短路，使电池因瞬间大电流放电而发烫，会损坏电池或发生危险。

10. 不能将电池储存在高温或高湿的环境下，电池本身的反应会加剧，故无法向用电器提供足够的容量。另外，高温高湿下，电池的老化速度也会大大加快，也会腐蚀电子元器件（高温电池除外）。

11. 不要将电池正负极插反，否则会导致电池鼓胀或破裂。

12. 电池保存时，最好不要与金属物体混放，包在外边的绝缘膜也不要随意撕掉。